Hans-Jürgen Haase

**Operationsverstärker- Schaltungen
für das
Elektroanalytische Praktikum**

Hans-Jürgen Haase

Operationverstärker-Schaltungen für das Elektroanalytische Praktikum

BoD

Operationsverstärker-Schaltungen für das Elektroanalytische Praktikum

Die Deutsche Bibliothek – CIP-Einheitsaufnahme
Ein Titeldatenschutz für diese Publikation ist bei der Deutschen Bibliothek erhältlich.

© 2014 Hans-Jürgen Haase, Regensburg

Herstellung und Verlag:
BoD - Books on Demand, Norderstedt
ISBN 978-3-7357-9229-7

Alle Rechte vorbehalten. Das Werk und sein Inhalt sind urheberrechtlich geschützt. Die Verwendung sämtlicher Texte und Abbildungen, auch auszugsweise, bedarf der vorherigen schriftlichen Zustimmung des Autors. Dies gilt inbesondere für die Vervielfältigung, Übersetzung oder die Verwendung in elektronischen Systemen.

Alle Angaben in diesem Buch wurden mit der größten Sorgfalt erstellt. Weder der Autor noch Verlag können für Schäden, die in Zusammenhang mit der Verwendung dieses Buches stehen, jedoch nicht haftbar gemacht werden.

Vorwort

Operationsverstärker sind direktgekoppelte Gleichspannungsverstärker mit einer sehr hohen Spannungsverstärkung. Die Eigenschaften von Schaltungen, die mit Operationsverstärkern aufgebaut werden, werden nicht vom Verstärker selbst, sondern von der äußeren Beschaltung bestimmt.
Dieser Sachverhalt ermöglicht den Aufbau für eine Vielzahl von unterschiedlichen Schaltungen, wie z.B. Integrierer, Differenzierer, Generatorschaltungen u.a.. Dadurch können auch für die elektrochemische Analytik auf sehr einfache Weise Schaltungen verwirklicht werden.
Nach einer kurzen Einführung in die Schaltungstechnik mit Operationsverstärkern werden die für das Verständnis der jeweiligen elektroanalytischen Meßtechnik erforderlichen elektrochemischen Grundlagen beschrieben.
Danach wird ein modular aufgebautes Experimentiersystem vorgestellt, das auch den Aufbau von sehr komplexen Meßanordnungen ermöglicht. Dies wird dadurch erreicht, daß jedes Modul eine selbständige Funktionseinheit bildet. Ein weiterer Vorteil besteht darin, daß die für den Aufbau der unterschiedlichsten Meßanordnungen häufig wiederkehrende Funktionseinheiten, wie z.B. Integrierer, Verstärker, Addierer u.a., nur einmal vorhanden sein müssen. Die so zusammengestellte Meßanordnung kann ohne Schwierigkeiten für die analytische Messung eingesetzt werden.
Aber auch, wenn es darum geht, fertige Geräte zu bedienen, sind neben grundlegenden Kenntnissen der elektrochemischen Vorgänge auch Kenntnisse über die Funktion der verwendeten Meßanordnung erforderlich.
Die Leistungsfähigkeit des Modulsystems wird an zahlreichen Beispielen aus der elektrochemischen Spurenanalytik gezeigt.
Durch die angegebenen Möglichkeiten für den Aufbau einfacher Meßanordnungen ist das Buch besonders für die Ausbildung an naturwissenschaftlichen Fach- und Hochschulen geeignet.
Darüber hinaus bietet das Buch eine kurze Einführung in die Schaltungstechnik mit Operationsverstärkern und führt in die Grundlagen der elektroanalytischen Meßmethoden ein.

H.-J. Haase

Inhalt

1. Einführung 1

2 Eigenschaften und Kennwerte von Operations-Verstärkern 7

3. Grundschaltungen mit Operationsverstärkern 11

   3.1   Invertierender Verstärker. 11

   3.2   Strom-Spannungs-Wandler. 17

   3.3   Summierer. 19

   3.4   Differenzverstärker 20

   3.5   Nichtinvertierender Verstärker 22

   3.6   Komparator 27

   3.7   Schmitt-Trigger... 28

   3.8   Integrator. 30

   3.9   Differenzierer 33

4. Schaltungen mit Operationsverstärkern 35

   4.1   Aufbau eines Strom-Spannungs-Wandlers zur Messung von Strömen im pA-Bereich 35

   4.2   **Intrumentenverstärker (Meßverstärker)** **37**

   4.3   Aufbau eines Wechselspannungs-Verstärkers mit frequenzabhängiger Gegenkopplung 38

   4.3   Selektivverstärker 40

4.5	Messung von ohmschen Widerständen mit einem invertierenden Verstärker	41
4.6	Konstantstromquelle	43
4.7	Konstantspannungsquelle	44
4.8	Gleichrichterschaltungen	45
4.9	Momentanwertspeicher (Sample & Hold)	47
4.10	Potentiostat	49
4.11	Rechteckgenerator	50
4.12	Rechteck-Dreieck-Generator	53
4.13	Sägezahn-Generator	54
4.14	Treppenspannungs-Generator	56
5.	**Reglerschaltungen mit Operationsverstärkern**	**58**
5.1	**Zeitverhalten von elektronischen Reglern**	**58**
5.1.1	Der Proportionalregler (P-Regler)	58.
5.1.2	Der I-Regler	59
5.1.3	Der D-Regler	60
5.1.4	Der PI-Regler	62
5.1.4.1	Aufnahme der Sprungfunktion eines PI- Reglers	64
5.1.5	Der PID-Regler	66
5.2	Kennlinien von Regeleinrichtungen	68

5.2.1	Aufnahme der Kennlinie einer P-Regeleinrichtung	70

6. Schaltungen für die elektroanalytische Messtechnik 72

6.1 Potentiometrie 72

6.1.1	Grundlagen	72
6.1.2	Meßtechnik	74
6.1.3	Schaltungen für die Potentiometrie	77
6.1.3.1	Potentialmessung mit einer Kompensationsschaltung nach Poggendorf	77
6.1.3.2	Messungen von Zellspannungen mit einer Elektrometerschaltung	79
6.1.3.3	Einfachste Schaltung für potentiometrische Messungen	80
6.1.3.4	Funktion und Aufbau eines pH-Meters	81
6.1.3.5	Rechnerunterstützte pH-Messung	86
6.1.3.6	Rechnerunterstützte Zweipunkt-Kalibrierung von ionensensitiven Elektroden	89
6.1.3.7	Aufbau eines pH-Meters in Modultechnik	92

6.2 Voltammetrie 95

6.2.1	Grundlagen.	95
6.2.2	Meßtechniken	97
6.2.3	Schaltungen für die Voltammetrie	109
6.2.3.1	Einfachste Messanordnung zur Aufnahme von Strom-Spannungs-Kurven	109

6.2.3.2	Meßanordnung mit potentiostatischer Kontrolle des Potentials der Arbeitselektrode	111
6.2.3.3	Aufbau einer einfachen Meßanordnung zur Aufnahme von Strom-Spannungs-Kurven in Modultechnik	113
6.2.3.4	Meßanordnung für die cyclische Voltammetrie in Modultechnik	118
6.2.3.5	Meßanordnung für die Staircase- Inversvoltammetrie in Modultechnik	122
6.2.3.6	Meßanordnung für die differentielle Puls-Inversvoltammetrie in Modultechnik	134
6.2.3.7	Meßanordnung für die Square-Wave-Inversvoltammetrie in Modultechnik	141
6.3	**Amperometrie**	**147**
6.3.1	Grundlagen	147
6.3.2	Meßanordnungen für die Amperometrie	148
6.4	**Elektrochemische Indikation von Titrationen**	**153**
6.4.1	Amperometrische Indikation	153
6.4.1.1	Grundlagen	153
6.4.1.2	Meßanordnungen für die amperometrische Indikation	155
6.4.2	Voltametrische Indikation	157
6.4.2.1	Grundlagen	157
6.4.2.2	Meßanordnungen für die voltametrische Indikation	158
6.5	**Potentiometrische Stripping-Analyse**	**160**

6.5.1	Grundlagen	160
6.5.2	Schaltungen für die potentiometrische Stripping-Analyse ...	162
6.5.2.1	Elektronische Meßanordnung zur Aufnahme von Ableitungskurven in Modultechnik..	165
6.5.2.2	Schaltung zur Konstantstrom-Stripping-Analyse (Constant Current Stripping-Analyse)	171
6.5.2.3	Meßanordnung mit elektronischer Messwerterfassung in Modultechnik…...	173
6.6	**Konduktometrie**	**181**
6.6.1	Grundlagen	181
6.6.2	Meßtechnik	182
6.6.3	Schaltungen für die Konduktometrie	184
6.6.3.1	Brückenschaltung nach Wheatstone	184
6.6.3.2	Schaltung eines direktanzeigenden Konduktometer	186
6.6.3.3	Aufbau eines direktanzeigenden Konduktometer in Modultechnik …………………………………………	187
6.7	**Coulometrie**	**191**
6.7.1	Grundlagen	191
6.7.2	Schaltungen	194
6.7.2.1	Elektronische Messung der Ladungsmenge…...	194
6.7.2.2	Coulometie bei kontantem Strom ……………………...	195
6.7.2.3	Einfache Meßanordnung für die coulometrische Titration ………………………………………………	196

6.7.2.4	Aufbau einer Meßanordnung für die coulometrische Titration in Modultechnik	.198
6.7.3	Anwendungsbeispiele für die coulometrische Titration	199
7.	**Das Modulsystem**	**201**
8.	**Weiterführende Literatur**	**204**
9	**Sachverzeichnis**	**206**

1. Einführung

Die elektroanalytische Meßtechnik ist ein wichtiges Teilgebiet der instrumentellen Analytik. Die elektrochemischen Analysenprinzipien beruhen auf Untersuchungen von Reaktionen bzw. Vorgängen, die an oder zwischen Elektroden ablaufen. Dabei bezeichnet man als Elektroden Systeme elektrisch leitender Phasen (Metall/ Elektrolyt), bei denen mindestens bei einer Phase ionenleitende Eigenschaften vorliegen müssen. Im einfachsten Fall besteht die Meßanordnung aus zwei Elektroden, die in einen Elektrolyten (Meßlösung) eintauchen, wobei an der einen Elektrode ein Oxidationsvorgang und an der anderen ein Reduktionsvorgang abläuft. Eine solche Anordnung wird als elektrochemische Zelle bezeichnet. Die elektroanalytischen Methoden dienen im allgemeinen dazu, aus einer elektrischen Größe die Konzentration c eines Stoffes zu bestimmen, d.h., Grundlage aller dieser Methoden ist der funktionelle Zusammenhang:

$$c = f(i, E, As, k) \qquad (1.1)$$

Hierin bedeuten:

i : Stromstärke
E : Potential
As : Ladung
k : Leitfähigkeit

In einigen Fällen kommt als nichtelektrische Größe noch die Zeit hinzu. Weitere wichtige Anwendungen sind die Indikationsmethoden, bei denen elektrische Größen in der Titrimetrie zur Verfolgung des Titrationsgrades und damit zur Bestimmung des Äquivalenzpunktes dienen.
Die Tabelle 1.1 gibt einen Überblick über die am häufigsten eingesetzten Meßtechniken

Nr.	Methode	Anregungssignal	Gemessene Größe
1	Konduktometrie	Wechselspannung	Leitfähigkeit G
1.1	Konduktometrische Titration	Wechselspannung	Leitfähigkeit G $G = f(V)$
2	Potentiometrie	$i = 0$	Potential E $E = f(c)$
2.1	Potentiometrische Titration	$i = 0$	Potential E $E = f(V)$
2.2	Derivative potentiometrische Titration	$i = 0$	$\frac{dE}{dV} = f(V)$
2.3	Potentiometrische Titration mit zweiter Ableitung	$i = 0$	$\frac{d^2E}{dV^2} = f(V)$
3	Amperometrie	Potential E	Strom, $i = f(c)$
3.1	Amperometrische Titration	Potential E	Strom $i = f(V)$
3.2	biamperometrische Titration	Potential E	Strom $i = f(V)$
4	Voltametrische Titration	Strom i	Potential E $E = f(V)$
5	Voltammetrie		
5.1	DC-Voltammetrie	Spannungsrampe	Strom, $i = f(E)$
5.2	Staircase-Voltammetrie	Spannung mit treppenförmiger Charakteristik	Strom $i = f(E)$
5.3	Differentielle Pulsvoltammetrie	Treppenspannung mit überlagerten Rechtimpulsen	Stromdifferenz $\Delta i = f(E)$
5.4	Square-Wave-Voltammetrie	Treppenspannung mit überlagerter rechtförmiger Wechselspannung	Stromdifferenz $\Delta i = f(E)$
6	Potentiometrische Stripping-Analyse	Potential E	$E = f(t)$
7	Coulometrie		
7.1	Galvanostatische Coulometrie	Strom $i = konst.$	Elektrizitätsmenge Q
7.2	Potentiostatische Coulometrie	Potential E	Elektrizitätsmenge $Q = \int_0^\infty i \cdot dt$
7.3	Coulometrische Titration	$i = konst.$	Elektrizitätsmenge Q

Tab. 1.1 Überblick über die wichtigsten elektrochemischen Messtechniken

Konduktometrie

Bei der Konduktometrie wird die elektrische Leitfähigkeit von Elektrolyten mit niederfrequenter Wechselspannung gemessen. Da alle in der Lösung vorhandenen Ionen zur Leitfähigkeit beitragen, beschränkt sich die Anwendung der Konduktometrie auf die Konzentrationsbestimmung reiner Lösungen oder auf die Ermittlung von Gesamtelektrolytgehalten.
Bei der konduktometrischen Titration wird die Abhängigkeit der Leitfähigkeit vom Maßlösungszusatz zur Ermittlung des Äquivalenzpunktes gemessen.

Potentiometrie

Bei der Potentiometrie wird die Potentialdifferenz einer Meßkette, bestehend aus Meß- und Bezugselektrode, stromlos gemessen. Dabei muß das Potential der Meßelektrode eine eindeutige Funktion der Aktivität (Konzentration) des Meßions sein, während die Bezugselektrode ein von der Lösungszusammensetzung unabhängiges und konstantes Potential liefern muß.
Grundlage der potentiometrischen Messung ist die Nernstgleichung, aus der sich die Analysenfunktion

$$c = 10^{(U-U_0)/S} \qquad (1.2)$$

ableiten läßt.

Hierin bedeuten:

U : Potentialdifferenz der Meßkette
U_0 : Standardpotential der Meßkette
S : Steilheit der Elektrode ($\frac{\Delta E}{\Delta \log c}$)
c : Konzentration des Meßions

Mit Hilfe von ionenselektiven Elektroden können heute 20 verschiedene Kationen und Anionen potentiometrisch bestimmt werden, wobei im günstigsten Fall die ionenselektive Potentiometrie so einfach wie eine pH-Messung ist.

Neben der beschriebenen Direktpotentiometrie werden potentiometrische Messungen auch zur Verfolgung des Titrationsablaufes und der Bestimmung des Äquivalenzpunktes in der Maßanalyse eingesetzt. Folgende Titrationsarten können potentiometrisch indiziert werden:

- Neutralisationstitrationen mit einer Glaselektrode

- Redoxtitrationen mit einer Platinelektrode

- Argentometrische Titrationen mit einer Ag-Elektrode

- Komplexbildungstitrationen mit ionenselektiven Elektroden

Amperometrie

Grundlage der Amperometrie ist die Messung des durch eine amperometrische Meßzelle fließenden konzentrationsproportionalen Diffusionsgrenzstromes. Dabei muß das Potential der Arbeitselektrode im Diffusionsgrenzstromgebiet des zu bestimmenden Stoffes liegen. Stoffe, die bei der Elektrodenreaktion auf der Arbeitselektrode abgeschieden werden, führen zu unreproduzierbaren Meßwerten und können deshalb amperometrisch nicht bestimmt werden. Die Anwendung beschränkt sich deshalb hauptsächlich auf gasförmige Moleküle, wie O_2, Cl_2, CO, und SO_2, die an der Arbeitselektrode reduziert oder oxidiert werden können und gasförmige Reaktionsprodukte liefern. Bei der amperometrischen Titration dient der über die Meßzelle fliessende Strom zur Verfolgung des Titrationsablaufes und Bestimmung des Äquivalenzpunktes. Die Indikation kann unter Verwendung von nur einer polarisierbaren Elektrode als auch mit zwei polarisierbaren Elektroden ausgeführt werden. Besonders interessant sind hier die komplexometrischen Titrationsverfahren, die es ermöglichen, noch Mikrogramm-Mengen an Metallionen mit ausgezeichneter Reproduzierbarkeit zu bestimmen.

Voltametrische Titration

Bei dieser Indikationstechnik wird zwei kleinen Elektroden - meist Platinelektroden - ein Strom von 1 - 10 uA aufgeprägt und die Potentialdifferenz zwischen den Elektroden in Abhängigkeit vom Maßlösungszusatz gemessen. Der voltametrischen Indikation sind alle Redox- und argentometrischen Titrationen zugängig. Von besonderer Bedeutung ist, daß auch komplexometrische Titrationen indizierbar sind. Die Schärfe der Erkennbarkeit des Äquivalenzpunktes ist besser als bei potentiometrischen Titrationen. Die hohe Empfindlichkeit zeigt sich darin, daß noch Titrationen mit 10^{-6} n Maßlösungen einwandfrei und mit hoher Reproduzierbarkeit indiziert werden können.

Voltammetrie

Unter Voltammetrie werden Meßtechniken verstanden, bei denen Strom-Spannungs-Kurven (Voltammogramme) unter Anwendung einer unpolarisierbaren und einer polarisierbaren Elektrode (Arbeitselektrode) aufgenommen werden. Dabei wird der über die Arbeitselektrode fließende Strom in Abhängigkeit vom Potential der Arbeitselektrode aufgezeichnet. Aus dem Voltammogramm können sowohl qualitative als auch quantitative Informationen über die elektrochemischen Reaktionen an der Arbeitselektrode entnommen werden. Der durch die voltammetrische Zelle fließende Strom i_Z setzt sich aus zwei Anteilen zusammen:

a) dem Faradayschen Strom i_F , der durch die elektrochemische Reaktion an der Arbeitselektrode hervorgerufen wird und das eigentliche Stromsignal für die quantitative Messung liefert

b) und dem Grundstrom, der im wesentlichen aus dem kapazitiven Stromanteil i_C besteht, der zur Aufladung der elektrochemischen Doppelschichtkapazität dient.

Nimmt i_C den gleichen Wert wie i_F an, ist das analytisch verwertbare Nutzsignal nicht mehr vom Störsignal zu trennen. Bei einem Verhältnis von $i_F/i_C = 1$ ist also die Nachweisgrenze der Voltammetrie erreicht. Eine Empfindlichkeitssteigerung kann danach nur erreicht werden, wenn man durch geeignete meßtechnische Maßnahmen dafür sorgt, daß bei der Aufnahme der Strom-Spannungs-Kurve nur noch der

Faradaysche Strom gemessen wird. Hierfür sind verschiedene Meßtechniken entwickelt worden. Zu den am häufigsten angewandten Methoden in der Elementanalytik gehören die differenzielle Pulsvoltammetrie und die Square-Wave-Voltammetrie. Alle diese Methoden nutzen die Tatsache aus, daß der Faradaysche Strom und der Ladestrom nach verschiedenen Zeitfunktionen abklingen. Da der kapazitive Strom schneller als der Faradaysche Strom abklingt, ist meßtechnisch eine effektive Eliminierung des Kapazitätsstromes möglich, so daß das Signalrauschverhältnis wesentlich verbessert werden kann. Eine weitere wesentliche Steigerung der Empfindlichkeit kann dadurch erreicht werden, daß man vor der Aufnahme der Strom-Spannungs-Kurve die zu bestimmenden Stoffe - vorwiegend Metalle - an der Elektrodenoberfläche elektrolytisch anreichert. Beim eigentlichen Bestimmungsvorgang werden diese reoxidiert und man erhält Spitzenströme, deren Höhe von der Menge der abgeschiedenen Stoffe abhängig ist. Durch den Anreicherungsvorgang erhält man eine bis zu 10^4-fach höhere Metallkonzentration als in der ursprünglich wäßrigen Analysenlösung, was zu einer entsprechenden Erhöhung des Analysensignals beim Bestimmungsvorgang führt. Die Aufnahme der Strom-Spannungs-Kurve kann dabei mit jedem voltammetrischen Verfahren erfolgen, wobei auch hier durch Anwendung der oben beschriebenen Pulstechniken die Empfindlichkeit gegenüber der Gleichspannungs-Voltammetrie noch weiter gesteigert werden kann. Diese Analysentechnik wird als Inversvoltammetrie bezeichnet, weil hier der Massentransport im Vergleich zur Voltammetrie in umgekehrter Richtung stattfindet.

Die Inversvoltammetrie gehört zu den empfindlichsten Analysenmethoden zur Bestimmung von Schwermetallspuren. Viele ökologisch relevanten Metalle sind mit sehr niedrig liegender Bestimmungsgrenze und hoher Reproduzierbarkeit bestimmbar. Mit der Einführung der Adsorptionsvoltammetrie ist die Anzahl der bestimmbaren Elemente noch wesentlich erweitert worden, so daß heute nahezu alle umweltrelevanten Schwermetalle bestimmt werden können. Für wäßrige Matrices ist die Inversvoltammetrie heute die Methode der Wahl.

Potentiometrische Stripping-Analyse

Die potentiometrische Stripping-Analyse ist wie Inversvoltammetrie eine elektrochemische Analysenmethode zur Bestimmung von vorwiegend Schwermetallspuren im ppb-Bereich. Die hohe Empfindlichkeit basiert auf der Tatsache, daß die zu bestimmenden Schwermetallspuren wie bei der Inversvoltammetrie zunächst auf einer Quecksilberfilmelektrode elektrolytisch angereichert werden. Beim eigentlichen Bestimmungsvorgang werden die auf der Elektrode abgeschiedenen Schwermetalle reoxidiert, wobei das Potential der Arbeitselektrode in Abhängigkeit von der Zeit aufgezeichnet wird. Dabei stellt sich für jedes abgeschiedene Metall ein charakteristisches Potential ein, das solange bestehen bleibt, bis die Auflösung des nächsten Metalles erfolgt. Gemessen wird die Zeitdauer zwischen zwei Potentialsprüngen (Transitionsdauer), die der Konzentration des betreffenden Metallions im Quecksilberfilm und damit auch der Konzentration in der Lösung proportional ist. Durch den Einsatz von Computern zur Steuerung des Analysenablaufes und Auswertung der Potential-Zeit-Kurven konnte die Reproduzierbarkeit der Messung verbessert und die Bestimmungsgrenze erheblich erniedrigt werden. Eine weitgehende Automatisierung des Analysenablaufes konnte durch Einführung der Durchflußmeßtechnik erreicht werden.

Coulometrie

Bei der Coulometrie wird die Elektrizitätsmenge (Q) gemessen, die für einen praktisch 100%igen Stoffumsatz an einer Arbeitselektrode erforderlich ist. Danach wird mit Hilfe der Faradayschen Gesetze die Masse der elektrochemisch umgesetzten Stoffe berechnet.

2. Eigenschaften und Kennwerte von Operationsverstärkern

Operationsverstärker sind direktgekoppelte Gleichspannungsverstärker mit sehr hoher Spannungsverstärkung. Sie bestehen aus mehreren hintereinandergeschalteten Verstärkerstufen (Abb. 2-1). Die Eingangsstufe ist immer als Differenzverstärker ausgelegt..

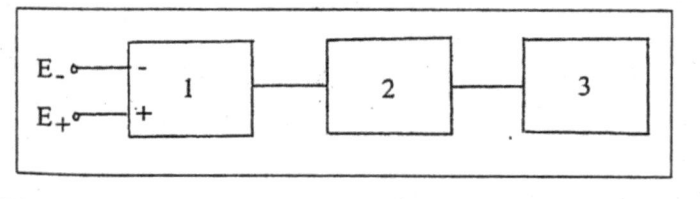

Abb. 2-1 Blockschaltbild vom internen Aufbau eines
Operationsverstärkers
A: Eingangsstufe (Differenzverstärker)
B: Spannungsverstärkerstufe
C: Ausgangsstufe

Die beiden Eingänge des Differenzverstärkers sind im Schaltsymbol durch ein Plus- und ein Minuszeichen gekennzeichnet- (Abb. 2.1), wobei das Minuszeichen darauf hinweist, daß das Eingangssignal invertiert wird, d.h., daß eine Spannung an diesem Eingang mit einer Phasen-drehung von 180° verstärkt wird. Die Spannungen an den beiden Eingängen und dem Ausgang beziehen sich immer auf den von der Spannungsversorgung gebildeten Massepunkt. Die Spannungsversorgung wird im allgemeinen bei Operationsverstärkerschaltungen nicht angegeben.

Die Verstärkung eines Operationsverstärkers ergibt sich aus dem Quotienten von Ausgangs- und Differenzeingangsspannung

$$V_0 = \frac{U_A}{U_P - U_N} = \frac{U_A}{U_D} \qquad (2.1)$$

Wie Gl. 2.1 zeigt, reagiert der Operationsverstärker nur auf die Differenz U_D der beiden Eingangssignale. Nach Gl. 2.1 beträgt $U_A = 0$, wenn beide Eingänge auf Masse liegen. Diese Bedingung wird jedoch nur bei einem idealen Operationsverstärker erfüllt.

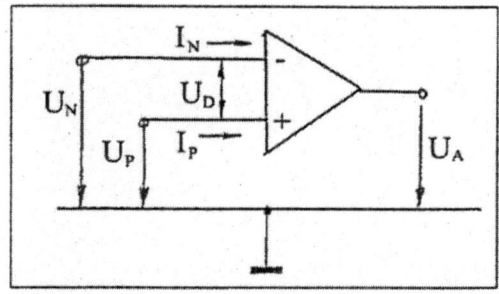

Abb. 2-2 Ein- und Ausgangsspannungen eines Operationsverstärkers

Bei einem realen Operationsverstärker ist U_A verschieden von Null. Dieser Nullpunktfehler wird durch eine Eingangsfehlspannung (Eingangsoffsetspannung U_{OS}) verursacht.

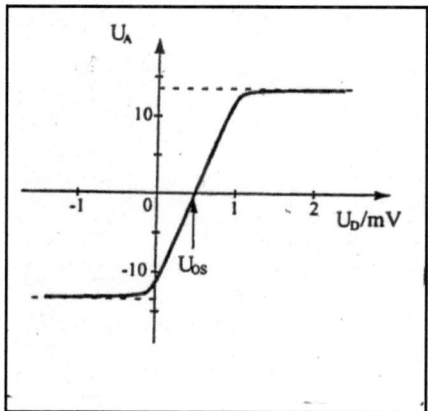

Abb. 2-3 Übertragungskennlinie eines realen Operationsverstärkers

Die Übertragungskennlinie (Abb. 2-3) wird dadurch um den Betrag der

Offsetspannung verschoben. Zum Abgleich der Offsetspannung haben die meisten Operationsverstärker Anschlüsse, die es ermöglichen, mit Hilfe eines Trimmpotentiometers die Offsetspannung abzugleichen. U_{OS} liegt bei 0,2 bis 5 mV und driftet mit der Temperatur um Werte von 0,2 bis 5 uV/°C.

Weiterhin sind besonders bei Schaltungen zur Messung von sehr geringen Strömen die in die beiden Eingänge der Differenzeingangsstufe eines Operationsverstärkers hineinfließenden Ströme I_P und I_N zu berücksichtigen. Hierunter werden die Ströme verstanden, die erforderlich sind, damit die Ausgangsspannung $U_A = 0$ wird. Der Mittelwert dieser Ströme wird als Eingangsruhestrom bezeichnet:

$$I_b = \frac{I_P + I_N}{2} \qquad (2.2)$$

Durch Unsymmetrien der Eingangsstufen sind die beiden Eingangsströme nie gleich groß.

Die Differenz der beiden Eingangsströme wird als Eingangsoffsetstrom bezeichnet.

$$\Delta I = I_P - I_N \qquad (2.3)$$

Bei Operationsverstärkern mit FET-Eingängen sind diese Ströme jedoch so gering (< 0,1 pA), daß sie in den meisten Fällen nicht berücksichtigt werden müssen.

Liegen an beiden Eingängen des Operationsverstärkers die gleichen Spannungen an, so wird der Verstärker im Gleichtaktbetrieb angesteuert. Bei einem idealen Operationsverstärker beträgt auch hier die Ausgangsspannung $U_A = 0$, da die Spannungsdifferenz $U_D = 0$ ist. Bei einem realen Operationsverstärker tritt aber auch hier eine Ausgangsspannung auf, die auf die unterschiedlichen Stromverstärkungsfaktoren der Eingangsstufen zurückzuführen ist. Die dabei auftretende Ausgangsspannung wird als Gleichtaktspannungsverstärkung V_{CM} bezeichnet.

$$V_{CM} = \frac{U_A}{U_{GI}} \qquad (2.4)$$

V_{CM}: Gleichtaktspannungsverstärkung
U_A: Ausgangsspannung
U_{GI}: Eingangs-Gleichtaktspannung

Die Eigenschaften eines Operationsverstärkers sind so optimiert, daß die Funktion einer mit ihnen aufgebauten Schaltung nicht vom Verstärker selbst, sondern nur von der äußeren Beschaltung abhängt. Dieser Sachverhalt ermöglicht den Aufbau von Schaltungen für eine Vielzahl von Anwendungen. Als Beispiele hierfür seien der Aufbau von Rechenschaltungen (Addierer, Subtrahierer, Multiplizierer, Differenzierer, Integrierer) von Verstärkern, Präzisionsgleichrichtern, Filtern und Funktionsgeneratoren genannt.

3. Grundschaltungen mit Operationsverstärkern

3.1 Invertierender Verstärker

Die Schaltung des invertierenden Verstärkers zeigt Abb. 3.1-1 Die Eingangsspannung U_E wird über den Widerstand R_1 dem invertierenden Eingang zugeführt. Der nichtinvertierende Eingang liegt auf Masse. Wir gehen zunächst von einem idealen Operationsverstärker aus, d.h., daß am Eingang keine Offsetspannung vorhanden ist und der Eingangswiderstand des Operationsverstärkers so hoch ist, daß kein Strom in den invertierenden Eingang fließt. Da der Operationsverstärker seine Ausgangsspannung immer so einstellt, daß die Differenzeingangsspannung U_D des Verstärkers zu Null wird, folgt, daß der Eingangsstrom I_1 entgegengesetzt gleich dem über den Gegenkopplungswiderstand R_2 rückgeführten Strom I_2 sein muß.

$$I_1 = -I_2 \qquad (3.1.1)$$

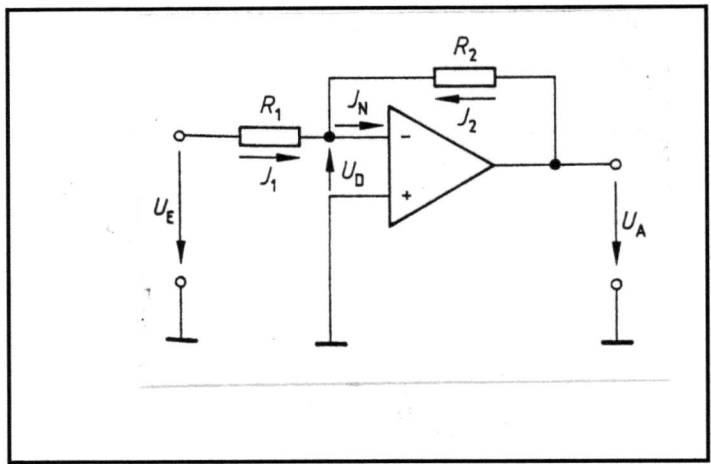

Abb. 3-1-1 Invertierender Verstärker

Da der nichtinvertierende Eingang auf Masse liegt und U_D null Volt beträgt, gilt für die Ströme:

$$I_1 = \frac{U_1}{R_1} \quad - I_2 = \frac{U_2}{R_2} \quad (3.1.2)$$

Und somit

$$\frac{U_E}{R_1} = -\frac{U_A}{R_2} \quad (3.1.3)$$

Nach Auflösen der Gleichung nach U_A erhält man:

$$-U_A = U_E \cdot \frac{R_2}{R_1} \quad (3.1.4)$$

Für den Verstärkungsfaktor V ergibt sich dann:

$$\frac{-U_A}{U_E} = \frac{R_2}{R_1} = V \qquad (3.1.5)$$

Danach wird die Verstärkung des invertierenden Verstärkers durch das Widerstandsverhältnis der Beschaltung festgesetzt. Der Inverter bewirkt eine Phasenverschiebung von 180°, d.h., liegt am Eingang eine positive Spannung, wird die Ausgangsspannung negativ und umgekehrt. Dies wird in Gl .3.1.4 durch das negative Vorzeichen ausgedrückt Da der Eingangsstrom durch $I_1 = U_E / R_1$ gegeben ist, ergibt sich für den Eingangswiderstand des invertierenden Verstärkers:

$$R_e = \frac{U_E}{I_1} = R_1 \qquad (3.1.6)$$

Der Ausgangswiderstand ist beim idealen invertierenden Verstärker gleich null.

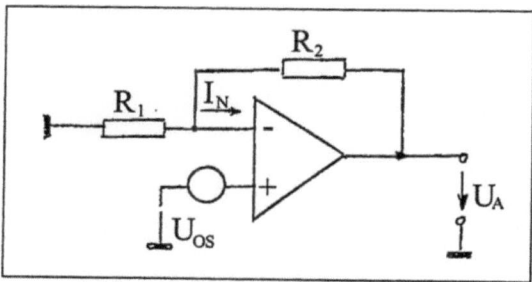

Abb. 3.1-2 Ersatzschaltbild

Bei einem mit einem realen Operationsverstärker aufgebauten invertierenden Verstärker werden Fehler durch die Offsetspannung und den Eingangsruhestrom verursacht. Es soll zunächst der Einfluß der Offsetspannung betrachtet werden. Die Berechnung soll anhand der Ersatzschaltung (Abb. 3.1-2) erfolgen.. Aus der Schaltung geht hervor, daß bei kurzgeschlossenem Eingang die Offsetspannung am Eingang liegt. Für die Ausgangsspannung ergibt sich dann:

$$U_A = \left(\frac{R_2}{R_1}+1\right) \cdot U_{OS} \qquad (3.1.7)$$

Danach wird U_{OS}, mit dem Widerstandsverhältnis R_2/R_1 multipliziert, zum Ausgang übertragen.
Für einen invertierenden Verstärker, bei dem die Offsetspannung nicht abgeglichen ist, muß danach die Offsetspannung zur Eingangsspannung addiert werden.

$$U_A = \left(\frac{R_2}{R_1}+1\right) \cdot U_{OS} + \left(-\frac{R_2}{R_1}\right) \cdot U_E \qquad (3.1.8).$$

Wird nun auch noch der Eingangsruhestrom I_N wirksam, so gilt für die Ausgangsspannung des Inverter bei kurzgeschlossenem Eingang:

$$U_A = \left(\frac{R_2}{R_1}+1\right) \cdot U_{OS} + I_N \cdot R_2 \qquad (3.1.9)$$

Bei Anwendung von Operationsverstärkern mit FET-Eingang ist der Eingangsruhestrom so gering, daß er in den meisten Fällen nicht berücksichtigt werden muß, wie folgendes Beispiel zeigt:

Aufgabe 3.1.1

Ein Spannungsinverter ist mit einem OP mit folgenden Daten aufgebaut:

U_{OS} : 1 mV
I_N : 50 pA
R_1 : 10^4 Ohm
R_2 : 10^6 Ohm

Wie groß ist die Ausgangsspannung bei kurzgeschlossenem Eingang?
Nach Gl. 3.1.9 gilt:

$$U_A = 10^{-3} \cdot \left(\frac{10^6}{10^4} + 1\right) + 5 \cdot 10^{-11} \cdot 10^6$$

$$U_A = 0{,}101 + 5 \cdot 10^{-5} \text{ V}$$

Die Berechnung zeigt, daß die Ausgangsfehlspannung im wesentlichen durch die Offsetspannung verursacht wird. Der durch den Eingangsruhestrom I_N an R_2 entstehende Spannungsabfall von 50 uV kann gegenüber der Fehlspannung von 101 mV vernachlässigt werden.
Bei den meisten Operationsverstärkern sind Anschlüsse für den Abgleich der Offsetspannung mit eine Trimmpotentiometer vorgesehen.

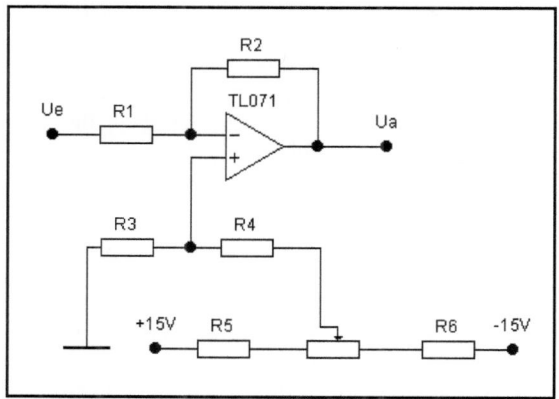

Abb. 3.1-3 Externer Offsetabgleich

Bei erhöhten Anforderungen ist es aber oft zweckmäßig, einen externen Abgleich der Offsetspannung vorzunehmen. Abb. 3.1-3 zeigt eine entsprechende Schaltung. Mit dem Trimmpotentiometer kann eine Abgleichspannung von +/- 5 mV erzeugt werden. Die Schaltung ermöglicht es, einen Offsetspannungsabgleich bis auf einen Rest von einigen uV vorzunehmen. Zum Abgleich geht man wie folgt vor:

1. Den Eingang auf Masse legen
2. An den Ausgang ein Digitalvoltmeter legen
3. Das Trimpotentiometer so einstellen, daß die Ausgangsspannung null Volt wird.

Man sollte aber immer berücksichtigen, daß die Offsetspannung von der Temperatur abhängt. Deshalb sollte die Schaltung vor dem Abgleich etwa 10-15 Minuten in Betrieb genommen werden.
Die Temperaturabhängigkeit läßt sich sehr gut durch das Wegdriften der Ausgangsspannung von null Volt beobachten, wenn man die Schaltung mit einem Föhn erwärmt
Beim Aufbau eines invertierenden Verstärkers sind bei der Dimensionierung der Widerstände R_1 und R_2 folgende Überlegungen zu berücksichtigen. Bei der Festlegung des Wertes für den Eingangswiderstand R_1 ist der Innwiderstand der Signalquelle zu beachten. Um den Einfluß des Innenwiderstandes (R_i) der Signalquelle möglichst gering zu halten muß dieser gegenüber R_1 klein sein. Das erfordert bei einigen Anwendungen einen relativ hohen Eingangswiderstand R_1. Der Wert von R_2 ist aber durch die geforderte Verstärkung gegeben. Wird die Schaltung zu hochohmig aufgebaut, können die nun wirksam werdenden Eingangsströme zu Fehlern führen.

Aufgabe 3.1-2

Die Eingangsspannung U_E von 10 mV eines Meßumformers mit einem Innenwiderstand R_i = 10 KOhm soll auf 1 V verstärkt werden. Wie muß die Schaltung dimensioniert werden?
Die erforderliche Spannungsverstärkung der Schaltung muß

$$-V = \frac{1000}{10} = -100$$

betragen
Wird für R_i ein Wert von 10 KOhm eingesetzt, folgt nach Gl. 3.1.4

$$-U_A = \frac{R_2}{R_1 + R_i} \cdot U_E$$

$$R_2 = -\frac{U_A}{U_E}(R_1 + R_i).$$

$$R_2 = -100 \cdot 2 \cdot 10^4 = 2 \cdot 10^6 \text{ Ohm}$$

3.2 Strom-Spannungs-Wandler

Der Strom-Spannungs-Wandler ist ein invertierender Verstärker, bei dem der Eingangswiderstand R_1 weggelassen und nur vom Innenwiderstand R_i der Stromquelle gebildet wird (Abb. 3.2-1). Bei dem in Abb. 3.2-1 dargestellten Strom-Spannungs-Wandler fließt der zu messende Strom I_Z über den Gegenkopplungswiderstand R und erzeugt eine Ausgangsspannung von:

$$-U_A = I_Z \cdot R \qquad (3.2.1)$$

Der eingespeiste Strom wird in eine proportionale Spannung umgesetzt.
Bei der Auswahl des Operationsverstärkers für den Strom-Spanungs-Wandler ist zu beachten, daß der Eingangsstrom des Operationsverstärkers klein gegenüber dem zu messenden Strom sein muß, da dieser ebenso wie I_Z über den Gegenkopplungswiderstand fließt und dort in eine entsprechende Spannung umgesetzt wird. Solche Anforderungen werden nur von Operationsverstärkern mit FET-Eingang

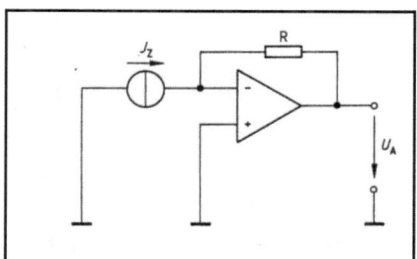

Abb. 3.2-1 Strom-Spannungs-Wandler

erfüllt, bei denen die Eingangsströme in der Größenordnung von 10^{-12} A liegen

In der elektroanalytischen Meßtechnik werden häufig Strom-Spannungs-Wandler zur Messung sehr niedriger Ströme eingesetzt, da diese die an ein Strommeßgerät zu stellenden Forderungen, wie möglichst kleiner Innenwiderstand und hohe Stromverstärkung, auf ideale Weise erfüllen.

Wie schon beim invertierenden Verstärker beschrieben, treten auch beim Strom-Spannungs-Wandler Fehlspannungen durch nicht abgeglichene Offsetspannung und durch den Eingangsstrom I_N auf

Analog zu Gl. 3.1.9 folgt:

$$U_A = U_{OS} \cdot \left(\frac{R_2}{R_1} + 1\right) + I_N \cdot R_2 \qquad (3.2.2)$$

Bei Stromquellen mit sehr hohem Innenwiderstand ($R_i \gg R_2$) und Operationsverstärkern mit einem Eingangsstrom im pA-Bereich, tritt als Ausgangsfehlspannung bzw. Nullpunktfehler, wie die Gl. 3.2.2 zeigt, im wesentlichen nur die Offsetspannung auf. Abb. 3.2-2 zeigt den Einfluß der Offsetspannung bei einem Strom-Spannungs-Wandler. Die Kurve ist um den Betrag der Offsetspannung parallel verschoben. Bei sehr hohen Anforderungen hinsichtlich Genauigkeit, mit der sehr niedrige Ströme in eine Spannung umgewandelt werden sollen, ist nicht nur der Offset-

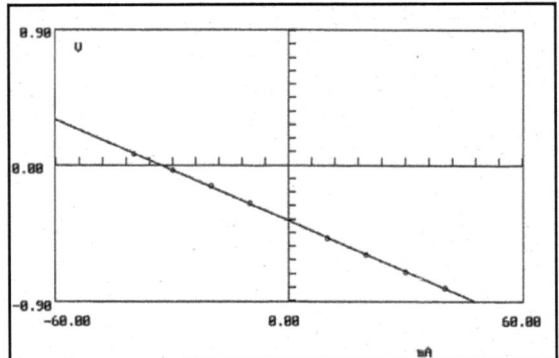

Abb. 3.2-2 Einfluß der Offsetspannung bei einem Strom-Spannungs-Wandler; R_2 : 10^7 Ohm; R_i : 10^5 Ohm. I_N : 10^{-12} A. U_{OS} : 4 mV

spannung und dem Eingangsstrom des Operationsverstärkers, sondern auch deren Driftwerten besondere Aufmerksamkeit zu widmen. Um den Meßfehler durch solche Störströme möglichst klein zu halten, ist es erforderlich, daß auch die Driftwerte mindestens zwei Größenordnungen niedriger als der zu messende Strom sind.

3.3 Summierer

Abb. 3.3-1 zeigt die Schaltung eines Summierers mit drei Eingängen. Die zu addierenden Spannungen E_1, E_2 und E_3 werden über die Eingangswiderstände an den invertierenden Eingang angelegt. Der Rückkopplungswiderstand R_2 bestimmt mit dem jeweiligen Eingangswiderstand den Verstärkungsfaktor für die Eingangsspannung. Besonders vorteilhaft ist die Tatsache, daß der Summierpunkt virtuell auf Bezugspotential liegt. Dadurch ist für die Signalquellen eine Entkopplung gegeben, so daß eine gegenseitige Beeinflussung ausgeschlossen ist. Für die Ausgangsspannung des Summierers gilt:

$$-U_A = \frac{R_2}{R_{E1}} \cdot E_1 + \frac{R_2}{R_{E2}} \cdot E_2 + \frac{R_2}{R_{E3}} \cdot E_3 \qquad (3.3.1)$$

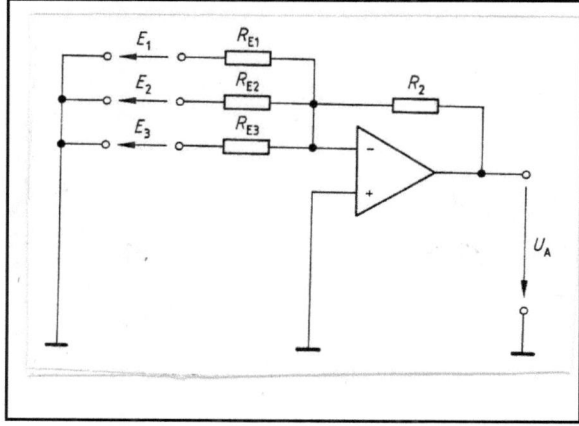

Abb. 3.3-1 Summierer

Mit einem Summierer können auf einfache Weise Ströme und Spannungen addiert werden. In der voltammetrischen Meßtechnik findet der Summierer Anwendung, um zum Beispiel der Spannungsrampe Rechteckspannungen zu überlagern.

Mit einem Summierer können beliebig viele Eingangsspannungen addiert werden. Das Summiersignal muß hierbei jedoch immer im Ausgangsspannungsbereich des Operationsverstärkers liegen.

3.4 Differenzverstärker

Abb. 3.4-1 zeigt die Schaltung eines Differenzverstärkers. Wie die Abbildung zeigt, besteht der Differenzverstärker aus einer Kombination eines Inverters mit einem Elektrometerverstärker.

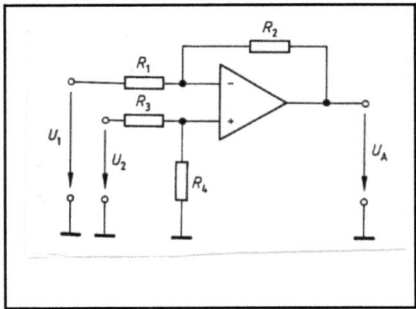

Abb. 3.4-1 Differenzverstärker

Wird bei der Schaltung nach Abb. 3.4-1 der Eingang des Elektrometerverstärkers auf Masse gelegt und der Eingang des Inverters angesteuert, so gilt für die Ausgangsspannung U_A die Gleichung:

$$-U_A = U_1 \cdot \frac{R_2}{R_1} \qquad (3.4.1)$$

Liegt dagegen der Eingang des Inverters auf Masse und wird der Elektrometerverstärker angesteuert, so verhält sich die Schaltung wie ein nichtinvertierender Verstärker. Durch den am Eingang des Elektrometerverstärkers liegenden Spannungsteiler, der durch die Widerstände R_3 und R_4 gebildet wird, liegt am Eingang des nichtinvertierenden Verstärkers die wirksame Spannung U_{E+}

$$U_{E+} = U_2 \cdot \frac{R_4}{R_3 + R_4} \qquad (3.4.2)$$

Für die Ausgangsspannung gilt dann:

$$U_A = U_2 \cdot \left(\frac{R_4}{R_3 + R_4}\right) \cdot \left(1 + \frac{R_2}{R_1}\right) \qquad (3.4.3)$$

Werden beide Eingänge des Differenzverstärkers gleichzeitig angesteuert, so beträgt die Ausgangsspannung:

$$U_A = U_1 \cdot -\frac{R_2}{R_1} + \left(1 + \frac{R_2}{R_1}\right) \cdot \frac{R_4}{R_3 + R_4} \cdot U_2 \qquad (3.4.4)$$

Für den Fall, daß R_2/R_1 und R_4/R_3 ist, gilt:

$$U_A = U_2 \cdot \frac{R_2}{R_1} - \frac{R_2}{R_1} \cdot U_1 \qquad (3.4.5)$$

$$U_A = \frac{R_2}{R_1} \cdot (U_2 - U_1) \qquad (3.4.6)$$

$$U_A = V \cdot (U_2 - U_1) \qquad (3.4.7)$$

Die Spannungsdifferenz der Eingangsspannungen wird danach um den gemeinsamen Faktor V verstärkt.
Wenn alle vier Widerstände gleich groß gewählt werden, ist der Verstärkungsfaktor 1, für die Ausgangsspannung gilt dann:

$$U_A = U_2 - U_1 \qquad (3.4.8)$$

Wie auch beim Summierer, können die Eingangsspannungen beliebige Vorzeichen haben. Die Schaltung nach Abb. 3.4-1 hat folgende Nachteile:

1. Sie besitzt unterschiedliche und relativ geringe Eingangswiderstände.
2. Der Innenwiderstand der Signalquelle ist zu berücksichtigen.
3. Die Änderung der Verstärkung erfordert ein gleichzeitiges Verstellen von zwei Widerständen.
4. Die Teilerfaktoren der Widerstände R_2/R_1 und R_3/R_4 müssen sehr genau abgeglichen werden, damit die durch die äußere Beschaltung erzeugte Gleichtaktunterdrückung gegenüber der durch den Operationsverstärker gegebenen vernachlässigt werden kann. Besonders bei sehr kleinen Spannungsdifferenzen können sonst erhebliche Fehler auftreten.

3.5 Nichtinvertierender Verstärker

Abb. 3.5-1 zeigt die Schaltung eines nichtinvertierenden Verstärkers.

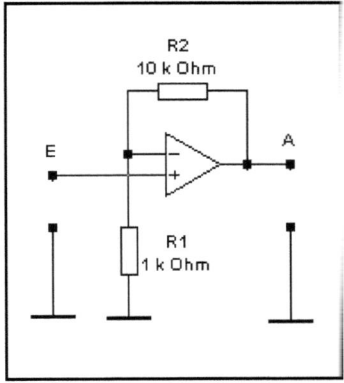

Abb. 3.5-1 Nichtinvertierender Verstärker

Die äußere Beschaltung besteht nur aus den Widerständen R_1 und R_2 und stellt die Gegenkopplung dar. Die zu verstärkende Eingangsspannung liegt am nichtinvertierenden Eingang. Damit haben die

Eingangs- und die Ausgangsspannungen die gleiche Polarität. Die beiden Widerstände R_1 und R_2 bilden einen Spannungsteiler..

Für die Spannungsgegenkopplung wird ein Teil der Ausgangsspannung des Spannungsteilers R_1/R_2 abgegriffen und der steuernden Eingangsspannung entgegengeschaltet. Ändert sich die Eingangsspannung U_E, so wird die Ausgangsspannung U_A gleichsinnig so nachgeführt, daß an beiden Eingängen immer die Spannungsdifferenz von null Volt erhalten bleibt.

Unter dieser Bedingung gilt:

$$U_E = U_1 \qquad (3.5.1)$$

Die am Widerstand R_1 abfallende Spannung U_1 läßt sich über die Spannungsteilerformel berechnen:

$$U_1 = U_A \cdot \left(\frac{R_1}{R_1 + R_2} \right) \qquad (3.5.2)$$

Für die Verstärkung der Schaltung gilt:

$$V = \frac{U_A}{U_E} \qquad (3.5.3)$$

$$V = 1 + \frac{R_2}{R_1} \qquad (3.5.4)$$

Daraus ergibt sich die Ausgangsspannung:

$$U_A = U_E \cdot \left(1 + \frac{R_2}{R_1} \right) \qquad (3.5.5)$$

Der nichtinvertierende Verstärker zeichnet sich durch einen besonders hohen Eingangswiderstand aus.

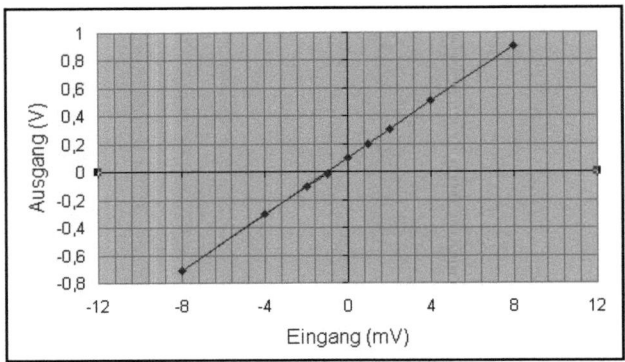

Abb. 3.5-2 Übertragungskennlinie des nichtinvertierenden Verstärkers ohne Offsetabgleich

Abb. 3.5-2 zeigt die Übertragungskennlinie des nichtinvertierenden Verstärkers ohne Offsetspannungs-Abgleich. Wegen der Offsetspannung läuft die Kurve nicht durch den Koordinatennullpunkt. Wie die Regressionsrechnung (Tab .3.5.1) zeigt, beträgt die Ausgangsspannung bei einer Eingangsspannung von Null Volt 99 mV. Die gemessene Ausgangsspannung ist danach um den additiven Betrag von 99 mV fehlerhaft. Ohne Berücksichtigung des Eingangsstroms gilt für die Ausgangsspannung eines nichtinvertierenden Verstärkers:

$$U_A = \left(1 + \frac{R_2}{R_1}\right) \cdot (U_E + U_{OS}) \qquad (3.5.6)$$

Nach Umstellung der Gleichung und Einsetzen der Werte erhält man für $U_E = 0$ für die Offsetspannung::

$$U_{OS} = \left(\frac{U_A}{1 + \frac{R_2}{R_1}}\right) = \frac{99}{101} = 0{,}98 mV$$

Tab. 3.5-1

	A	B	C
1			
2		U_E (mV)	U_A (V)
3			
4		-1	-0,003
5		-2	-0,106
6		-4	-0,3
7		-8	-0,709
8		0	0,098
9		1	0,2
10		2	0,302
11		4	0,506
12		8	0,905
13			
14			
15	Ordinatenabschnitt:		0,09922222
16			
17	Steigung:		0,10091176
18			
19	Korrelation:		0,99998607
20			
21			

Beispiel:

U_E = -1 mV
U_{OS} = 0,98 mV

R1 = 1 KOhm   R2 = 100 KOhm

$$U_A = \left(1 + \frac{100}{1}\right) \cdot (-1 + 0{,}98)$$

$$U_A = 101 \cdot (-0{,}02) \quad = -2 \text{ mV}$$

Danach würde man bei einer Eingangsspannung von -1 mV eine Ausgangsspannung von –2 mV messen. Ohne Offsetspannungsfehler müßte die Ausgangsspannung aber -101 mV betragen. Die Berechnung zeigt, daß die angegebene Schaltung ohne Offtetspannungs-Abgleich für die Messung von so kleinen Eingangsspannungen nicht geeignet ist.
Abb. 3.5-3 zeigt die Schaltung eines nichtinvertierenden Verstärkers mit

Offsetabgleich.

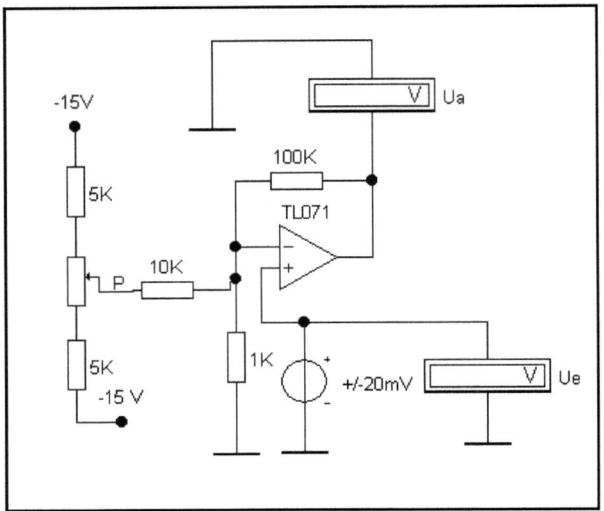

Abb. 3.5-3 Schaltung eines nichtinvertierenden Verstärkers mit externem Offsetabgleich
P: 10 KOhm 10-Gangpotentiometer

Einen Sonderfall eines nichtinvertierenden Verstärkers ist der Spannungsfolger oder Impedanzwandler. Beim Impedanzwandler wird die Ausgangsspannung direkt auf den invertierenden Eingang zurückgeführt (Abb. 3.5-4). Die Ausgangsspannung ist damit gleich der Eingangsspannung

$$U_A = U_E \qquad (3.5.7)$$

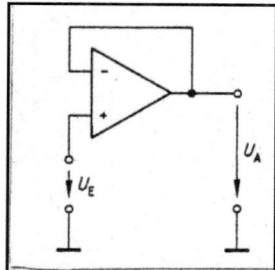

Abb. 3.5-4 Impedanzwandler

Der Spannungsfolger ist durch einen extrem hohen Eingangswiderstand und sehr kleinem Ausgangswiderstand charakterisiert. Er findet deshalb immer Anwendung, wenn Spannungen von Quellen mit einem sehr großen Innenwiderstand gemessen werden sollen. Wegen des hohen Eingangswiderstandes fließt praktisch kein Strom, so daß die Quelle nicht belastet wird. Dagegen steht die gemessene Spannung am Ausgang des Spannungsfolgers niederohmig zur Verfügung, wodurch die Weiterverarbeitung wesentlich erleichtert wird.

3.6 Komparator

Komparatoren (Abb. 3.6-1) sind nicht gegengekoppelte Differenzverstärker. Durch die fehlende Gegenkopplung wird die volle Leerlaufverstärkung wirksam,

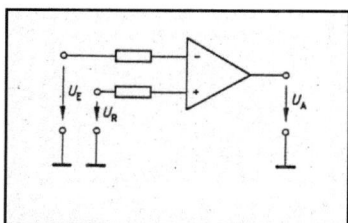

Abb. 3.6-1 Komparator

so daß schon bei Eingangsspannungen < 0,5 mV am Differenzeingang die maximale Ausgangsspannung am Ausgang auftritt. Sie werden häufig dazu eingesetzt, um zu entscheiden, ob die zu messende Spannung größer oder kleiner als eine Vergleichsspannung ist.

Hierzu wird an einen Eingang die Eingangsspannung U_E und an den anderen Eingang des Komparators die Vergleichsspannung U_R angelegt. Die Polarität der Ausgangsspannung ist dann davon abhängig, ob die Eingangsspannung größer oder kleiner als die Vergleichsspannung ist.

$$U_A = +Umax \quad \text{für } U = < U_E \qquad (3.6.1)$$

$$U_A = -Umax \quad \text{für } U = > U_E \qquad (3.6.2)$$

3.7 Schmitt-Trigger

Schmitt-Trigger werden zur Umwandlung veränderlicher Eingangsspannungen U_E in zwei diskrete Ausgangsspannungen (U_{MAX}, U_{MIN}) verwendet. Der Schmitt-Trigger ist danach ein Komparator, bei dem jedoch durch die Beschaltung die Ein- und Ausschaltpegel nicht zusammenfallen (Schalthysterese).

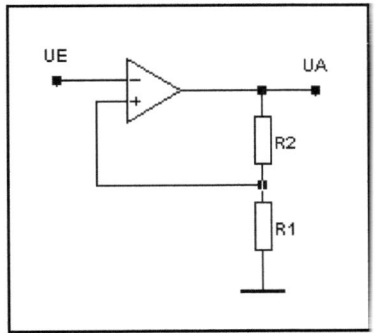

Abb. 3.7-1 Schmitt-Trigger

Abb. 3.7-1 zeigt die Schaltung eines Schmitt-Triggers. Über den Spannungsteiler R_2/R_1 wird ein Teil der Ausgangsspannung auf den nichtinvertierenden Eingang zurückgeführt. Durch diese Mitkopplung bekommt der Verstärker sein Schaltverhalten. Den Vorteil der Einführung einer Hysterese bei Komparatoren zeigt Abb. 3.7-2. Während beim nichtbeschalteten Komparator, mit nur einem Umschaltpunkt, geringe Störsignale, die dem eigentlichen Signal überlagert sind (z.B. Rauschen), zu Kippvorgängen des Komparators führen können, treten beim Schmitt-Trigger durch die Schalthysterese solche Fehlschaltungen nicht auf.

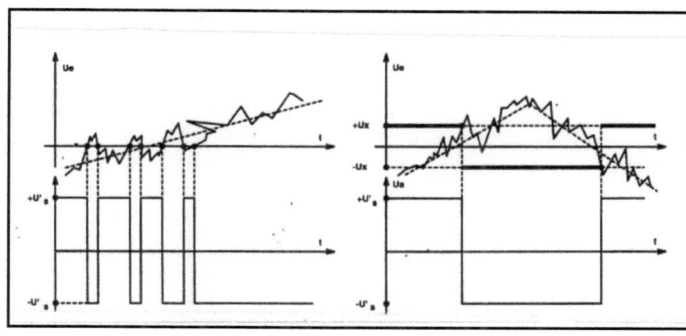

Abb. 3.7-2 Schaltverhalten eines Komparators im Vergleich zu einem Schmitt-Trigger
        A: Komparator
        B: Schmitt-Trigger

Abb. 3.7-3 zeigt die Kennlinie des in Abb. 3.7-1 dargestellten Schmitt-Triggers

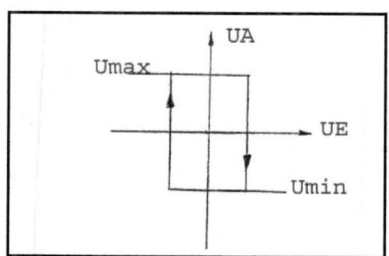

Abb. 3.7-3 Kennlinie eine Schmitt-Triggers

Die Werte von U_{EIN}, U_{AUS} und ΔU_E werden vom Verhältnis der Widerstände R_2 und R_1 bestimmt:

Einschaltpegel: $$U_{EIN} = \frac{R_1}{R_1 + R_2} \cdot U_{MIN}$$ (3.7.1)

Ausschaltpegel: $$U_{AUS} = \frac{R_1}{R_1 + R_2} \cdot U_{MAX}$$ (3.7.2)

Schalthysterese: $$\Delta U = \frac{R_1}{R_1 + R_2} \cdot (U_{MAX} - U_{MIN})$$ (3.7.3)

3.8 Integrator

Der Integrator kann als Variante des invertierenden Verstärkers betrachtet werden, bei dem der Rückkopplungswiderstand jedoch durch einen Kondensator ersetzt ist (Abb. 3.8-1). Die am invertierenden Eingang anliegende Eingangsspannung U_E erzeugt einen Eingangsstrom von

$$I_R = \frac{U_E}{R}$$ (3.8.1)

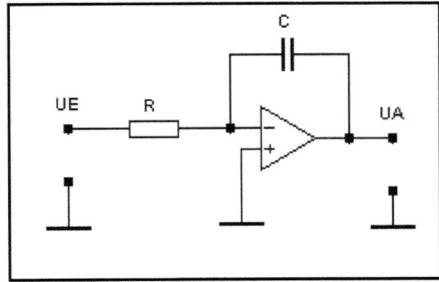

Abb. 3.8-1 Integrator

Damit - wie beim invertierenden Verstärker beschrieben - die Differenzeingangsspannung U$_D$ null wird, muß der über den Kondensator fließende Strom I$_C$ immer die Größe des Eingangsstromes I$_R$ annehmen:

$$I_R = -I_C \qquad (3.8.2)$$

Wird in Gl. 3.8.1 I$_R$ durch -I$_C$ ersetzt, erhält man:

$$-I_C = \frac{U_E}{R} \qquad (3.8.3)$$

Zwischen der Kondensatorladung Q und dem Ladestrom I$_C$ besteht folgende Beziehung (mit t als Zeit):

$$Q = \int_0^t I_C \cdot dt \qquad (3.8.4)$$

Der Kondensator C wird durch diese Ladung auf die Spannung U$_C$ aufgeladen:

$$U_C = \frac{Q}{C} \qquad (3.8.5)$$

Aus U$_A$ = -U$_C$ und I$_R$ = -I$_C$ folgt:

$$U_A = -\frac{1}{C} \cdot \int_0^t I_R \cdot dt \qquad (3.8.6)$$

mit $I_R = \frac{U_E}{R}$ ergibt sich:

$$U_A = -\frac{1}{R \cdot C} \cdot \int_0^t U_E \cdot dt \qquad (3.8.7)$$

Für eine konstante Eingangsspannung U_E ergibt sich die Ausgangsspannung des Integrators:

$$U_A = -\frac{1}{R \cdot C} \cdot U_E \cdot t \qquad (3.8.8)$$

Die Gleichung zeigt, daß die Ausgangsspannung eines Integrators bei konstanter Eingangsspannung sich linear mit der Zeit ändert. Alle bisher angestellten Betrachtungen gelten nur dann, wenn zum Aufbau des Integrators ein Operationsverstärker mit idealen Eigenschaften eingesetzt wird. Bei Verwendung eines realen Operationsverstärkers und hohen Anforderungen an den Integrator, müssen die Realdaten des Operationsverstärkers berücksichtigt werden. Fehler beim Integrationsvorgang können durch den Eingangsruhestrom I_N und die Offsetspannung U_{OS} verursacht werden. Bei einem realen Operationsverstärker fließt über den Kondensator ein Fehlerstrom von:

$$I_C = \frac{U_{OS}}{R} + I_N \qquad (3.8.9)$$

Das hat eine Ausgangsspannungsänderung von:

$$\frac{dU_A}{dt} = \frac{1}{C} \cdot \left(\frac{U_{OS}}{R} + I_N\right) \qquad (3.8.10)$$

zur Folge.

Aus Gl. 3.8.10 geht hervor, daß bei gegebener Zeitkonstante der Beitrag des Eingangsruhestroms um so kleiner wird, je größer man C wählt, der Beitrag der Offsetspannung aber konstant bleibt. An einem Berechnungsbeispiel soll das veranschaulicht werden.

Berechnungsbeispiel:

Ein Integrator (R = 5 10^4 Ohm , C = 10^{-6} uF) ist mit einem Operationsverstärker aufgebaut, bei dem die Offsetspannung 3,8 mV und der Eingangsruhestrom I_N =10^{-11} A beträgt.
Nach Gl. 3.8.10 ist die Änderung der Ausgangsspanung bei einer Eingangsspannung von U_E = 0

$$\frac{dU_A}{dt} = \frac{1}{10^{-6}} \cdot \left(\frac{3,8 \cdot 10^{-3}}{5 \cdot 10^4} + 10^{-11} \right) = 0,076 \text{ V/s}$$

Die Berechnung zeigt, daß bei der Dimensionierung der Schaltung und dem verwendeten Operationsvertärkertyp der Eingangsruhestrom vernachlässigt werden kann. Integratoren werden in der elektroanalytischen Meßtechnik häufig eingesetzt. So z.B. in der Voltammetrie zur Erzeugung von linearen Spannungsrampen, zur Stromintegration bei der Coulometrie oder auch zur analogen Zeitmessung.

3.9 Differenzierer

Mit Operationsverstärkern lassen sich mit geringem Aufwand mathematische Rechenoperationen ausführen. Eine Schaltung zur Differentiation von elektrischen Signalen zeigt Abb. 3.9-1 . Durch den Kondensator C im Eingang fließt nur dann Strom, wenn sich die Eingangsspannung ändert.

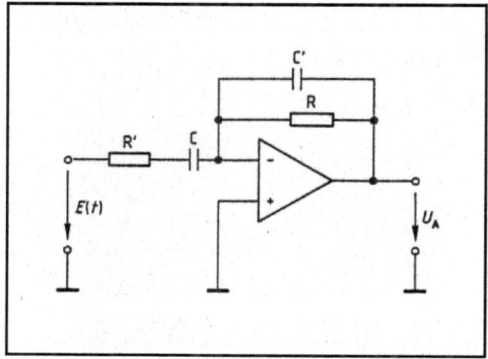

Abb. 3.9-1 Differenzierer

Die Ausgangsspannung U_A ist der Spannungsänderungsgeschwindigkeit (dU /dt) der Eingangsspannung U_E proportional. Für den in den Eingang fließenden Strom gilt:

$$I_C = C \cdot \frac{dU_E}{dt} \qquad (3.9.1)$$

und für den Ausgangsstrom:

$$I_R = \frac{-U_A}{R} \qquad (3.9.2)$$

Da $I_C = -I_R$ oder

$$\frac{dU_E}{dt} \cdot C = \frac{-U_A}{R} \qquad (3.9.3)$$

ist, erhält man nach Auflösung nach U_A :

$$-U_A = C \cdot R \cdot \frac{dU_E}{dt} \qquad (3.9.4)$$

Um höherfrequente Störanteile des Meßsignals zu unterdrücken, wird parallel zu R ein Kondensator C' und in Reihe mit C ein Widerstand R' gelegt. Abb. 3.9-2 zeigt die Eingangs- und Ausgangsspannng eines Differenzierers.

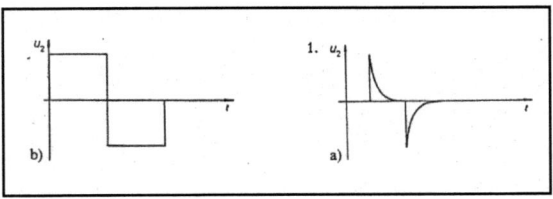

Abb. 3.9-2 Eingangs- und Ausgangsspannung eines Differenzierers

Der Differenzierer findet z.B. bei der potentiometrischen Stripping-Analyse Anwendung, um von Spannungs-Zeit-Diagrammen die erste und zweite Ableitung zu bilden.

4. Schaltungen mit Operationsverstärkern

4.1 Schaltung zur Messung Strömen im pA-Bereich

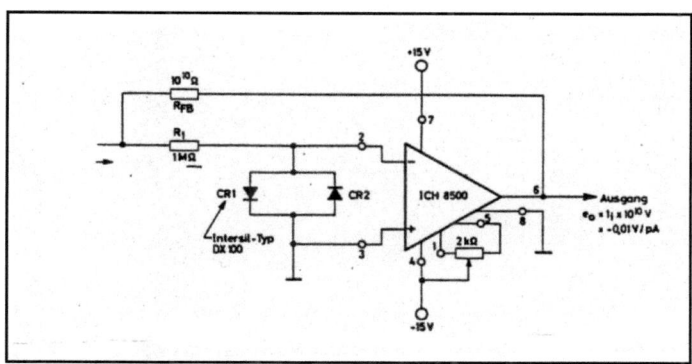

Abb. 4.1-1 pA-Meter

Mit Hilfe von Operationsverstärkern mit sehr niedrigen Eingangsströmen lassen sich Strom-Spannungs-Wandler aufbauen, die es ermöglichen, noch Ströme im pA-Bereich zu messen. Beim Operationsverstärker ICH 8500 von Intersil beträgt der Eingangsstrom <0,01 pA. Abb. 4.1-1 zeigt eine entsprechende Schaltung.
Beim Aufbau der Schaltung ist besondere Sorgfalt darauf zu verwenden, daß keinerlei Streuströme in den Summenpunkt am invertierenden Eingang fließen. Am einfachsten geschieht dies dadurch, daß man alle die Eingangsklemmen umgebenden Punkte das am Eingang herrschende Potential aufprägt. In diesem Fall liegt das Potential virtuell auf Masse, also Null Volt. Deshalb ist auch das Gehäuse auf Masse zu legen, damit es mögliche Streuströme zwischen den Speisespannungsanschlüssen und dem Summenpunkt aufnehmen kann. Die Dioden CR1 und CR2 schützen die Eingangsstufe vor Spannungsspitzen. Dabei sollen CR1 und CR2 leckstromarme, hochohmige Dioden sein. Diese Dioden tragen jedoch nicht zu irgendwelchen Fehlerströmen bei, denn unter normalen Bedingungen tritt keine Spannung an ihnen auf. Die Eingangsoffsetspannung läßt sich mit dem 2-KOhm-Potentiometer auf Null Volt abgleichen. Um Ströme im pA-Bereich zu messen, sind Rückkopplungswiderstände von $10^{10} - 10^{11}$ Ohm erforderlich.

Eine Schaltung, die ohne Anwendung der sehr teuren Hochohmwiderstände auskommt, zeigt Abb. 4.1-2. Bei dieser Schaltung wird mit dem Bruchteil

$$U_{R2} = \frac{R_2}{R_1 + R_2} \cdot U_A \qquad (4.1.1)$$

der Ausgangsspannung U_A der Rückführungsstrom

$$I_f = \frac{-U_f}{R_f} \qquad (4.1.2)$$

erzeugt.

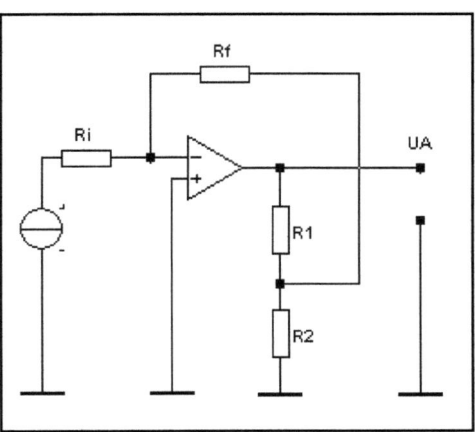

Abb. 4.1-2 Schaltung zur Messung von Strömen im pA-Bereich

Für den Übertragungsfaktor gilt:

$$U_A = R_f \cdot \left(1 + \frac{R_1}{R_2}\right) \cdot I_f \qquad (4.1.3)$$

4.2 Instrumentenverstärker (Meßverstärker)

Der Meßverstärker ist ein Differenzverstärker mit hochohmigen Eingängen und umschaltbarer Verstärkung (Abb. 4.2-1). Er vermeidet die beim Differenzverstärker beschriebenen Nachteile. Beide Eingänge des Differenzverstärkers sind mit nichtinvertierenden Verstärkern beschaltet. Mit dem umschaltbaren Widerstand R_1 wird die Spannungsverstärkung des Meßverstärkers eingestellt.

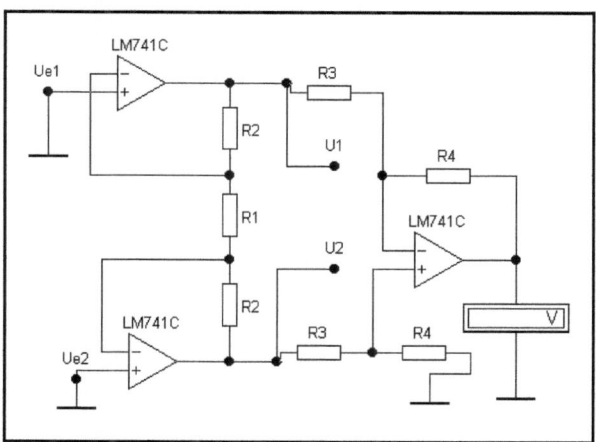

Abb. 4.2-1 Instrumentenverstärker

Für die Ausgangsspannung gilt:

$$U_A = \frac{R_4}{R_3} \cdot (U2 - U1) \qquad (4.2.1)$$

Die Ausgangsspannungen U_1 und U_2 der Impedanzwandler hängen von den Eingangsspannungen U_{E1} und U_{E2} sowie von der eingestellten Verstärkung mit dem Widerstand R_1 ab. Die Ausgangsspannung für eine symmetrisch aufgebaute Schaltung beträgt:

$$U_A = \frac{R_4}{R_3} \cdot \left(1 + \frac{R_2 + R_2}{R_1}\right) \cdot (E_2 - E_1) \qquad (4.2.2)$$

Da die Gleichtaktunterdrückung im wesentlichen durch das Verhältnis $R_3/R_4 = R_3/R_4$ bestimmt ist sollten diese Widerstandsverhältnisse sehr genau übereinstimmen. Da die an den beiden Eingängen anliegenden Signale voneinander subtrahiert werden, weist der Verstärker eine große Unempfindlichkeit gegenüber störenden Einflüssen, wie z. B. Netzbrumm, auf.

4.3 Wechselspannungs-Verstärker mit frequenzabhängiger Gegenkopplung

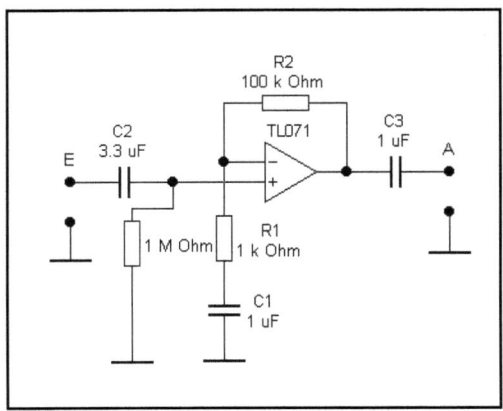

Abb. 4.3 -1 Wechselspannungsverstärker mit frequenzabhängiger Gegenkopplung

Abb. 4.3 -1 zeigt die Schaltung eines Wechselspannungsverstärkers mit frequenzabhängiger Gegenkopplung. Der Operationsverstärker ist als nichtinvertierender Elektrometerverstärker aufgebaut. Der Gegenkopplungszweig besteht aus dem Gegenkopplungswiderstand R_2 und der Reihenschaltung von R_1 und C_1 zwischen dem N-Eingang und Masse.

Der Widerstand dieser Reihenschaltung ist frequenzabhängig und damit auch der Verstärkungsfaktor V. Unter Vernachlässigung der auftretenden Phasensendrehung gilt:

$$U_A = 1 + \left(\frac{R_2}{\sqrt{R_1^2 + X_{C1}^2}} \right) \cdot U_E \qquad (4.3.1)$$

Bei niedrigen Frequenzen ist der kapazitive Widerstand X_{C1} sehr groß gegenüber R_1 und der Verstärkungsfaktor ist nur wenig größer als 1. Mit zunehmender Frequenz wird X_{C1} aber immer kleiner und daher V immer größer. Die untere Grenzfrequenz ist bei dieser Schaltung wie bei einem Hochpaß mit Widerstand und Kondensator festgelegt als

$$f_u = \frac{1}{2 \cdot \pi \cdot C_1} . \qquad (4.3.2)$$

Mit weiter zunehmender Frequenz wird der Einfluß von X_C immer kleiner und kann schließlich gegenüber R_1 vernachlässigt werden. Dann gilt für den Verstärker:

$$U_A = \left(1 + \frac{R_2}{R_1} \right) \cdot U_E \qquad (4.3.3)$$

Die obere Grenzfrequenz wird dann im wesentlichen durch die Eigenschaften des Operationsverstärkers bestimmt
Ein besonderer Vorteil der Schaltung besteht auch noch darin, daß für Gleichspannungen die Gegenkopplung nur über R_2 erfolgt, da der Kondensator C_1 für Gleichspannungen einen unendlich hohen Widerstand darstellt.
Eine Offsetspannung am Eingang wird daher unabhängig von der mit R_2/R_1 eingestellten Verstärkung nur mit dem Faktor 1 verstärkt:

$$V_{off} = 1 + \frac{R_2}{\infty} = 1 \qquad (4.3.4)$$

Besonders bei Schaltungen mit sehr hoher Verstärkung tritt deshalb am

Ausgang nur die geringe, unverstärkte Offsetspannung auf.

4.4 Selektivverstärker

Abb. 4.4-1 zeigt eine Schaltung eines Verstärkers, der nur Signale einer bestimmten Frequenz verstärkt (Selektivverstärker). Im Niederfrequenzbereich können derartige aktive Filterschaltungen relativ leicht mit Operationsverstärkerschaltungen realisiert werden.

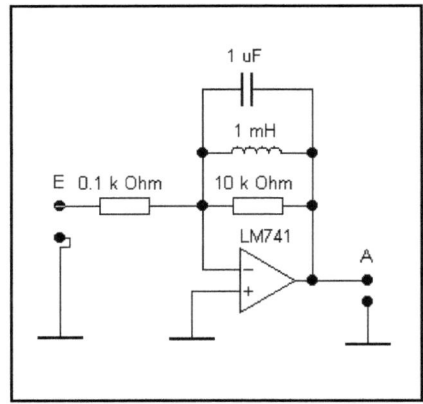

Abb. 4.4-1 Selektivverstärker

Abb. 4.4-1 zeigt einen Selektivverstärker, der in der Gegenkopplung einen Schwingkreis aus Kondensator und Spule enthält.
Die Resonanzfrequenz des Schwingkreises ergibt sich aus der Schwingkreisformel:

$$f_{res} = \frac{1}{2 \cdot \pi \cdot \sqrt{C \cdot L}} \qquad (4.4.1)$$

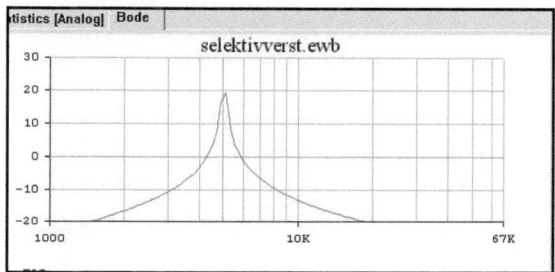

Abb. 4.4-2 Frequenzgang des Verstärkers

Abb. 4.4-2 zeigt den Frequenzgang des Selektivverstärkers

4.5 Messung von ohmschen Widerständen mit einem invertierenden Verstärker

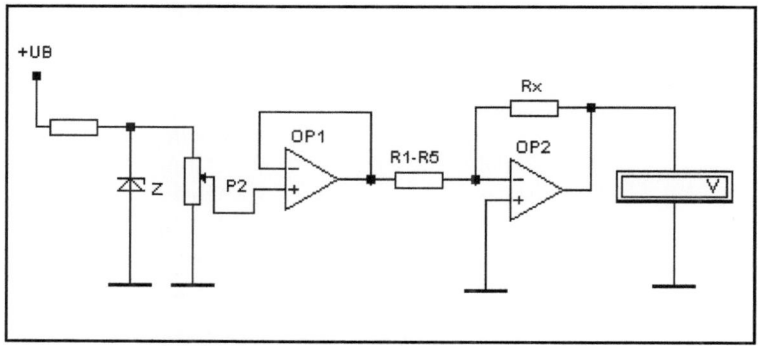

Abb. 4.5-1 Ohmmeter mit linearer Anzeige
R1-R5: umschaltbare Widerstände

Abb. 4.5-1 zeigt einen invertierenden Verstärker zur Messung von ohmschen Widerständen. Die Konstantspannungsquelle (OP1) liefert

eine Spannung von 1,2 V, die über die umschaltbaren Eingangswiderstände R1-R5 an den invertierenden Eingang des Verstärkers (OP2) angelegt wird.
Der zu messende Widerstand Rx liegt im Rückkopplungszweig des Verstärkers. Für die gemessene Ausgangsspannung gilt:

$$U_A = \frac{U_K}{R_E} \cdot R_X \qquad (4.5.1)$$

U_K: Spannung der Konstantspannungsquelle
R_E: Eingangswiderstand (R1-R5) des Verstärkers

Unter der Voraussetzung, daß der Ausgangswiderstand der Konstantspannungsquelle sehr klein gegenüber dem Eingangswiderstand des Verstärkers ist, ist die Ausgangsspannung des Verstärkers linear proportional des Widerstandes Rx. Die umschaltbaren Eingangswiderstände dienen zur Einstellung eines geeigneten Meßbereiches. Die Schaltung hat 5 Bereiche, die jeweils eine Ausgangsspannung von 1 V bei 1 KOhm bis 10 MOhm aufweisen (Tab. 4.5.1).

Tab. 4.5.1

Bereichswahl	Anzeige
R1 = 1 KOhm	1 V = 1 KOhm
R2 = 10 KOhm	1 V = 10 KOhm
R3 = 100 KOhm	1 V = 100 KOhm
R4 = 1 MOhm	1 V = 1 MOhm
R5 = 10 MOhm	1 V = 10 MOhm

Zum Ausgleich der Schaltung geht man folgendermaßen vor:
Für den Eingangs- und Rückkopplungswiderstand wählt man einen gleichen Wert, legt den Eingang auf Masse und führt mit dem Trimmpotentiometer (nicht eingezeichnet) den Offsetabgleich durch.
Nun legt man die Ausgangsspannung der Konstantspannungsquelle an den Eingang des Verstärkers und stellt mit dem Potentiometer P2 eine Ausgangsspannung von 1.000 V ein.

4.6 Konstantstromquelle

Von einer Konstantstromquelle wird gefordert, daß der über einen Verbraucher fließende Strom unabhängig vom Spannungsabfall am Verbraucher ist. Danach müßte eine Konstantstromquelle im Idealfall einen unendlichen Innenwiderstand haben. Diese Forderung ist natürlich in der Praxis nicht zu erfüllen.
Mit Operationsverstärkern lassen sich jedoch Schaltungen aufbauen, deren Eigenschaften einer idealen Stromquelle schon recht nahe kommen.
Abb. 4.6-1 zeigt eine entsprechende Schaltung. Zur Regelung des über den Verbraucher fließenden Stromes wird der Spannungsabfall an einen mit dem Verbraucher RL in Reihe geschalteten Widerstand R_M überwacht und konstant gehalten. Eine Erhöhung des Laststromes bewirkt dann über die Rückführung ein Absenken der Spannung am Lastwiderstand und damit die erwünschte Verringerung des Laststromes auf den ursprünglichen Wert.

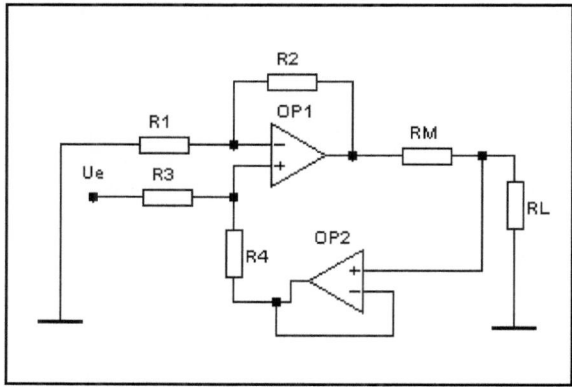

Abb. 4.6-1 Konstantstromquelle

Wenn man R1 = R2 = R3 = R4 wählt, wird der Laststrom:

$$I_L = \frac{U_E}{R_M} \qquad (4.6.1)$$

Wird der Widerstand R_M über einen Schalter ausgewählt, so läßt sich der Ausgangsstrom in Stufen umschalten. Die maximalen Ströme werden vom Lastwiderstand und der maximal bereitstellbaren Spannung des Operationsverstärkers bestimmt.

4.7 Konstantspannungsquelle

Von einer Konstant- oder Referenzspannungsquelle wird gefordert, daß sie einen möglichst niedrigen Innenwiderstand besitzt. Diese Forderung läßt sich mit einer Stabilisierungsschaltung aus einer Zenerdiode und einem Operationsverstärker erfüllen.
Abb. 4.7-1 zeigt eine entsprechende Schaltung. Die von einer Zenerdiode stabilisierte Spannung wird über einen Spannungsteiler dem nichtinvertierenden Eingang zugeführt. Der Spannungsteiler wird dabei wegen des sehr hohen Eingangswiderstandes des Operationsverstärkers nicht belastet. Der Vorwiderstand R_V sollte so bemessen sein, daß die Zenerdiode mit ihrem spezifizierten Strom betrieben wird.

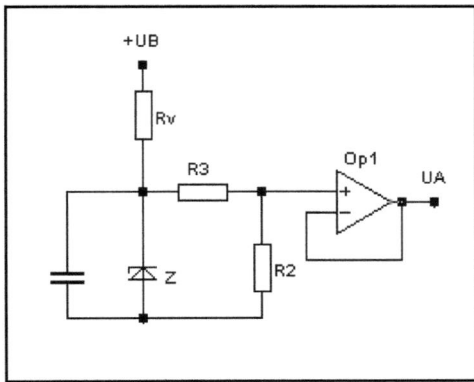

Abb. 4.7-1 Konstantspannungsquelle

Bei Anwendung einer hochstabilisierten Zenerdiode des Typs 1 N 3502 mit einem T von 0,0005%/K sollte der Zenerstrom auf etwa 1 mA eingestellt werden.

Ausgangsspannung wird wie folgt berechnet:

$$U_A = \frac{U_Z \cdot R_2}{R_{2_2} + R_3} \quad (4.7.1)$$

Der Kondensator C dient dem Kurzschluß der Rauschspannung der Zenerdiode. Ersetzt man den Spannungsteiler durch ein Potentiometer, läßt sich die Ausgangsspannung U_A von Null Volt bis U_Z regeln.

4.8 Gleichrichterschaltungen

Gleichrichterschaltungen mit Operationsverstärkern haben die Eigenschaft einer idealen Diode (Abb. 4.8-1)
Im Sperrbereich ist die Ausgangsspannung des Gleichrichters Null und im Durchlaßbereich steigt sie direkt proportional zur Eingangsspannung an.

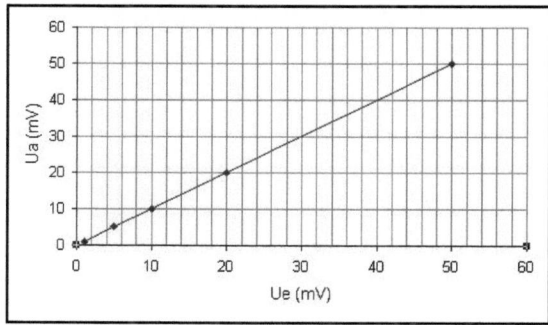

Abb. 4.8-1 Gleichstromverhalten eines Einweggleichrichters

Man spricht daher auch von Präzisionsgleichrichtern, weil die unerwünschten Eigenschaften der verwendetet Diode (z.B. nichtlineare Kennlinie) vom Verstärker eliminiert werden. Dadurch lassen sich auch Eingangssignale im mV-Bereich einwandfrei gleichrichten.

Einweggleichrichter

Abb. 4.8-2 zeigt die Schaltung eines Einweggleichrichters. Bei positiver Halbwelle der Signal-Spannung ist D2 durchgesteuert und D1 gesperrt und damit UA= 0. Bei negativer Halbwelle ist D2 gesperrt und D1 leitend.

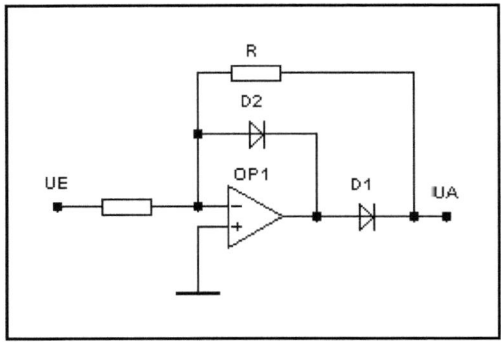

Abb. 4.8-2 Einweggleichrichter

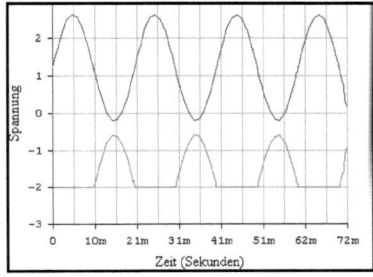

Abb. 4.8-3 Ein- und Ausgangsspannung eines Einweggleichrichters

Am Verstärkerausgang erscheint das invertierte Signal der Eingangsspannung. (Abb. 4.8-3) Eine positive Ausgangsspannung erhält man, wenn die Dioden umgedreht werden.

Vollweggleichrichter

Durch Zusammenschalten eines Einweggleichrichters (Abb. 4.8-2) mit einem Summierer erhält man einen Vollweggleichrichter (Abb. 4.8-4).

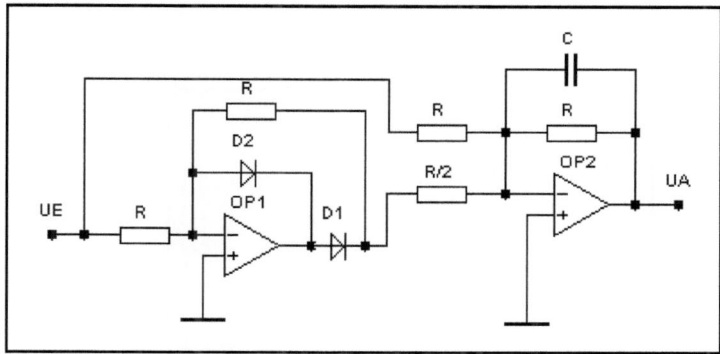

Abb. 4.8-4 Vollweggleichrichter

Liegt am Eingang der Schaltung ein sinusförmiges Signal, so wird die erste positive Halbwelle direkt dem Eingang des Summierers zugeführt und erscheint dort invertiert am Ausgang. Am zweiten Eingang des Addierers liegt keine Spannung, da D2 leitend und D1 gesperrt ist. Bei negativer Halbwelle wird diese über den Gleichrichter invertiert. Der Summierverstärker verstärkt die invertierte Halbwelle mit dem Faktor -2. Gleichzeitig addiert er mit der Bewertung 1 die unveränderte negative Halbwelle, so daß im Ergebnis eine Vollweggleichrichtung realisiert wird.

4.9 Momentanwertspeicher (Sample & Hold)

Momentanwertspreicher, auch Sample & Hold-Schaltung genannt, sind Schaltungen, mit denen man Spannungswerte einer zeitlich veränderlichen Spannung U(t) zu beliebigen Zeitpunkten speichern und für die Weiterverarbeitung bereithalten kann. Abb. 4.9-1 zeigt eine entsprechende Schaltung. Der im Eingang des Spannungsfolgers liegende Kondensator wird bei geschlossenem Schalter auf den jeweiligen Momentanwert des Eingangssignals aufgeladen. Wenn der

Schalter wieder geöffnet wird, behält der Kondensator seine Ladung, da diese über den sehr hochohmigen Eingang des Spannungsfolgers nicht abfließen kann. Die Ladespannung des Kondensators steht aber am Ausgang des Spannungsfolgers zur Weiterverarbeitung niederohmig zur Verfügung. Als Schalter können bei nicht zu hohen Anforderungen hinsichtlich der Öffnungsgeschwindigkeit Reed-Relais eingesetzt werden

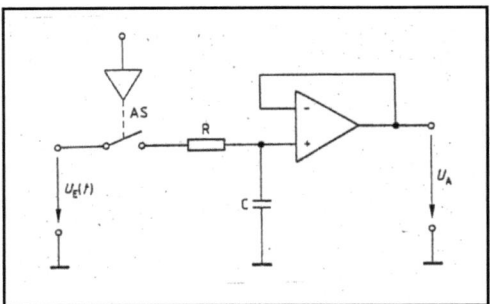

Abb. 4.9-1 Sample&Hold-Schaltung

Der Spannungsfolger sollte ein Operationsverstärker mit sehr hohem Eingangswiderstand sein, um während der Haltephase eine Entladung des Kondensators zu vermeiden. Hier kommen nur Operationsverstärker mit FET-Eingang in Frage, die einen Eingangswiderstand von 10^{12} Ohm haben. Die Aufladezeit des Kondensators wird durch den Widerstand R und der Kapazität des Kondensators bestimmt. Da die Aufladung nach einer e-Funktion erfolgt, ist für eine Einstellgenauigkeit von 0,1 % eine Ladezeit von

$$t = RC\,5$$

erforderlich.

Während der Haltephase ist es unvermeidlich, daß durch den Leckstrom des Kondensators und durch den Eingangsstrom des Spannungsfolgers eine teilweise Entladung des Kondensators erfolgt. Die Entladung wird als Haltedrift bezeichnet. Sie ist definiert als:

$$\frac{dU_A}{dt} = \frac{I_C}{C} \qquad (4.9.1)$$

Darin ist I_C der Entladestrom, der durch die oben genannten Parameter verursacht wird.

Wie die Gleichung zeigt, läßt sich die Haltedrift durch Vergrößerung der Kapazität verbessern. Ein Nachteil dieser Maßnahme ist jedoch, daß nun die Einstellzeit erhöht wird.

Es wird deshalb immer erforderlich sein, einen Kompromiß zwischen Einstellgeschwindigkeit und Haltedrift zu finden.

4.10 Potentiostat

Abb. 4.10-1 zeigt die Schaltung eines Potentiostaten. Die Aufgabe des Potentiostaten besteht darin, den Spannungsabfall an Re unabhängig vom Stromfluß über die Widerstände Ra und Re auf einem mit dem Potentiometer P eingestellten Wert zu halten. Dies geschieht auf folgende Weise: Der Spannungsabfall an Re wird mittels des Elektrometerverstärkers (Impedanzwandler) OP2 stromlos gemessen. Der Operationsverstärker OP1 ist so geschaltet, daß er stets einen Stromfluß über die Widerstände Ra und Re erzwingt, bis der Spannungsabfall an Re genau umgekehrt gleich der angelegten Spannung ist. Dies wird dadurch erreicht, daß sich am invertierenden Eingang des Operationsverstärkers OP1 immer automatisch und verzögerungsfrei nahezu Null-Potential gegen Masse einstellt. Wird nun U_{Soll} geändert, so verändert sich auch mit entgegengesetztem Vorzeichen der Spannungsabfall an Re.

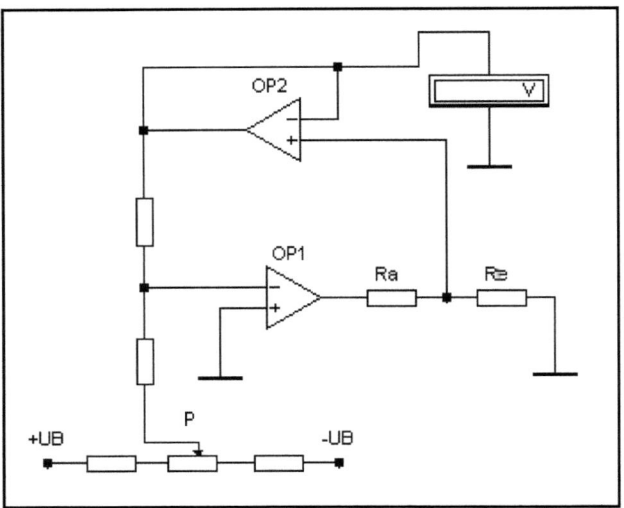

Abb. 4.10-1 Potentiostat

4.11 Rechteckgenerator

Mit Operationsverstärkern lassen sich hochwertige Rechteckgeneratoren aufbauen. Der in Abb. 4.11-1 gezeigte Rechteckgenerator besteht aus einem invertierenden Schmitt-Trigger und einem Tiefpaß (RC-Glied).

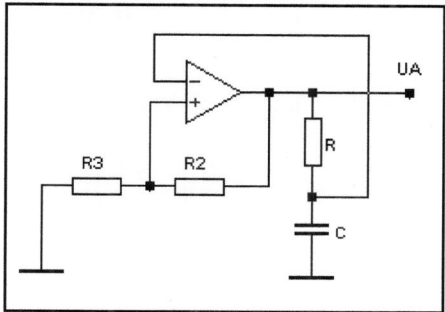

Abb. 4.11-1 Rechteckgenerator

Nach dem Einschalten der Versorgungsspannung nimmt die Ausgangsspannung U_A einen der beiden stabilen Zustände, also Umax oder Umin des Schmitt-Triggers ein. Nehmen wir an, zum Zeitpunkt t = 0 läge die Ausgangsspannung auf Umax, dann gilt zunächst für den zeitlichen Verlauf der Spannung am Kondensator C

$$U_C(t) = U_{MAX} \cdot \left(1 - e^{-t \cdot R \cdot C}\right) \qquad (4.11\text{-}1)$$

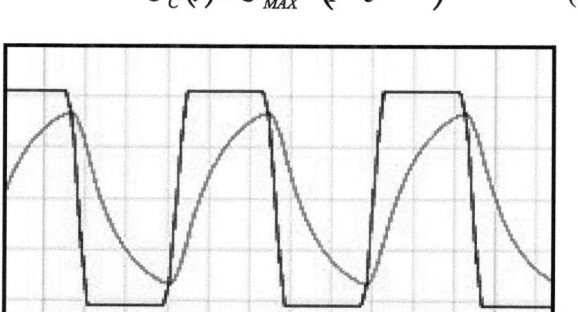

Abb. 4.11-2 Spannungsverlauf der Ausgangsspannung und der Kondensatorspannung

In dem Zeitpunkt, in dem $U_C(t) > U_{S+}$ ist, springt U_A auf Umin und die Kapazität wird umgeladen, bis ihre Spannung den Wert $U_{S\text{-}}$ erreicht, so daß U_A wieder den Wert Umax annimmt. Abb. 3.10-2 veranschaulicht dieses Verhalten.

Die Taktzeit (Abb. 4.11-2 wird nach folgender Gleichung berechnet:

$$T = 2 \cdot R \cdot C \cdot \ln\left(1 + \frac{2 \cdot R_3}{R_2}\right) \qquad (4.11..2)$$

für $R_2 = R_3$ gilt dann:

$$T = 2 \cdot R \cdot C \cdot \ln 3 \qquad (4.11.3)$$

oder:

$$T \approx 2{,}2 \cdot R \cdot C \qquad (4.11.4)$$

Taktfrequenz $\qquad f = \dfrac{1}{T} \qquad (4\text{-}11.5)$

$$f = \frac{1}{2 \cdot R \cdot C \cdot \ln\left(\dfrac{1+a}{1-a}\right)} \qquad (4.11.6)$$

$$a = \frac{R_3}{R_2 + R_3} \qquad (4.11.7)$$

Die Gleichung zeigt, daß die Frequenz umgekehrt proportional der Zeitkonstante RC und daß das Spannungsteilerverhältnis a frequenzbestimmend ist. Über das Spannungsteilerverhältnis läßt sich die Frequenz in weiten Grenzen einstellen. Dabei bleibt das Tastverhältnis unverändert (eins) und der Mittelwert der Ausgangsspannung Null.
Für $R_2 = R_3$ wird

$$f = \frac{1}{2.2 \cdot R \cdot C} \qquad (4.11.8)$$

Für Umin = Umax gilt:

$$t_1 = t_2 = R \cdot C \cdot \ln\left(\frac{1+a}{1-a}\right) \qquad (4.11.9)$$

4.12 Rechteck-Dreieck-Generator

Der Generator (Abb. 4.12-1) besteht aus einem Integrator, einem Differenzverstärker und einem Schmitt-Trigger. Der Ausgang des Schmitt-Triggers ist mit dem Eingang des Integrators verbunden.
 Zur Einstellung der Frequenz lassen sich verschiedene Eingangswiderstände (R1-R5) in den Eingang des Integrators schalten. Mit dem Potentiometer P des Differenzverstärkers kann das Ausgangssignal des Generators sowohl in positiver als in negativer Richtung verschoben werden.

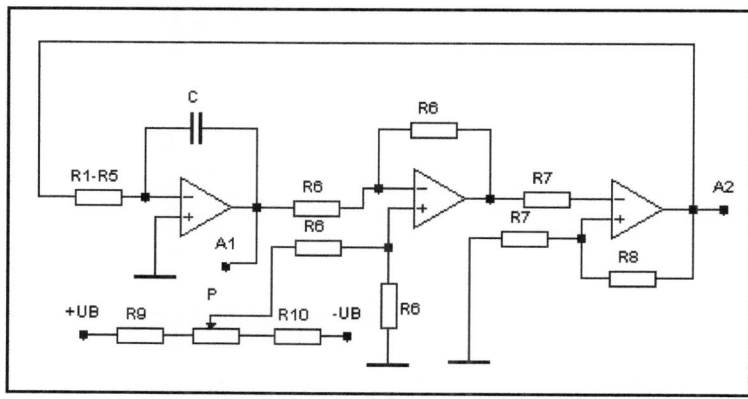

Abb. 4.12 -1 Dreieck-Rechteck-Generator
R1: 1:KOhm, R2: :10 KOhm, R3: :100 KOhm , R4: 1 MOhm,
R5: 10 MOhm, P:10 KOhm R6: 47 KOhm, R7: 10 KOhm
R8: 100 KOhm: OP : TL 071

Die Amplitude der Dreieckspannung ist durch die Dimensionierung des Schmitt-Triggers (OP3) festgelegt.

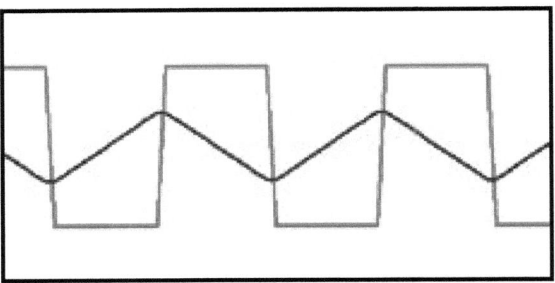

Abb. 4.12-2 Zeitdiagramm des DRG

Zur Beschreibung der Funktionsweise soll davon ausgegangen werden, daß die Ausgangsspannung des Schmitt-Triggers +Umax beträgt. Da diese Spannung dem Integrator zugeführt wird, wird der Kondensator mit der Zeitkonstante T = RC entladen, so daß am Ausgang des Integrators eine abfallende Spannungsrampe anliegt. Erreicht diese die Schaltspannung (U_{S-}) des Schmitt-Triggers, kippt dieser nach -Umax, so daß nun die Spannung am Ausgang des Integrators zeitlinear ansteigt, bis die Schaltspannung U_{S+} erreicht ist. Auf diese Weise entsteht die in Abb. 4.11-2 dargestellte Dreieckspannung Am Ausgang des Schmitt-Triggers liegt eine Rechteckspannung mit gleicher Frequenz an.

4.13 Sägezahn-Generator

Der Aufbau des Sägezahn-Generators geht aus Abb. 4.13-1 hervor. Der Ausgang des nichtinvertierenden Schmitt-Triggers ist mit dem Eingang des Integrators über die Parallelschaltung des Widerstandes R1 mit dem Widerstand R2 und der dazu in Reihe liegenden Diode verbunden. Die Frequenz des Generators kann über die Wahl des Kondensators in 4 Stufen eingestellt werden. Die sägezahnförmige Spannung liegt am Ausgang A1 an.

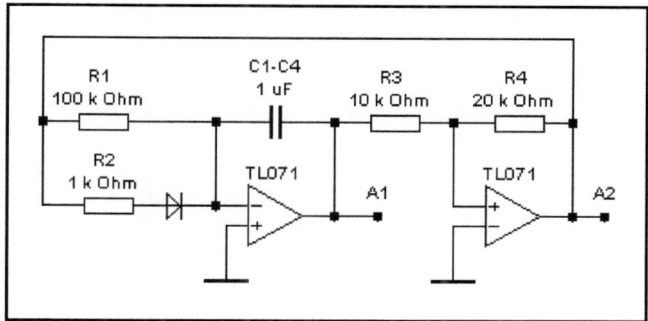

Abb. 4.13-1 Schaltung des Sägezahn-Generators
C1 :1 uF, C2 : 0,33 uF, C3 : 0,10 uF, C4 : 22 nF

Zur Erläuterung der Funktionsweise soll davon ausgegangen werden, daß die Ausgangsspannung des Schmitt-Triggers gerade den Wert -Umax erreicht hat. Da bei negativer Eingangsspannung die Diode gesperrt ist, wird der Kondensator des Integrators nur über den Widerstand R1 aufgeladen. Erreicht die Ausgangsspannung die Schaltspannung U_{S+} des Schmitt-Triggers, kippt dieser nach +Umax. Die Diode ist nun leitend und der Widerstand R2 liegt parallel zu Widerstand R1. Da nun der Eingangswiderstand des Integrators wesentlich niedriger (ca. 1/100) ist, ist auch die Integrationszeit bis zum Erreichen der Schaltspannung entsprechend geringer, so daß man den in Abb. 4.13-2 gezeigten Spannungsverlauf erhält.

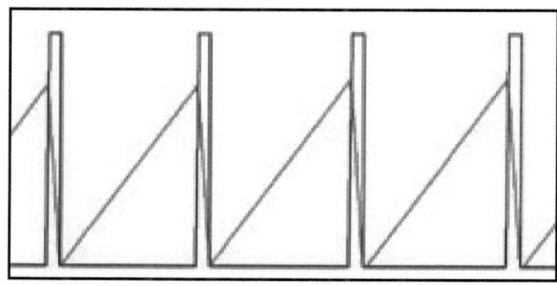

Abb. 4.13-2 Zeitdiagramm des Sägezahngenerators

4.14 Treppenspannungs- Generator

Der in Abb. 4.14-1 dargestellte Treppenspannungs-Generator besteht aus drei Schaltungsmodulen: Einem astabilen Multivibrator (OP1) mit einstellbarem Tastverhältnis und einstellbarer Frequenz, einem Integrator (OP2) und einem nichtinvertierenden Schmitt-Trigger (OP3). Der astabile Multivibrator speist über die Diode D1 und den Widerstand R1 den Integrator. Die Diode D1 verhindert, daß die positiven Signale auf den Integrator gelangen..
Bei jedem negativen Impuls wird der Integrator um den Betrag

$$U_{TR} = -\frac{1}{R_1 \cdot C_1} \cdot -U_{MAX} \cdot t_1 \qquad (4.14.1)$$

aufgeladen, während bei den Pulspausen die Spannung konstant bleibt, wie dies der in Abb. 4.14-2 dargestellte Zeitverlauf zeigt.
Die Ausgangsspannung des Integrators wird von einem Schmitt-Trigger überwacht. Sobald die Ausgangsspannung des Integrators den positiven Ansprechwert des Schmitt-Triggers erreicht hat, kippt dieser von -Umax auf +Umax. Die Diode D2 wird nun leitend und der Kondensator wird mit +Umax entladen, der die steile Negativ-Flanke der Treppenspanung am Ausgang des Integrierers entstehen läßt, bis auch hier wieder der Ansprechwert des Schmitt-Triggers erreicht wird und der Schnitt-Trigger wieder nach –Umax kippt.

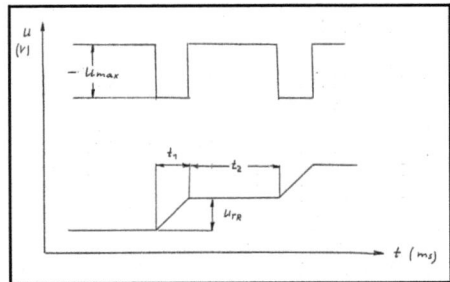

Abb. 4.14-2 Zeitverlauf der Eingangs- und Ausgangsspannung
U_{TR}: Treppenstufenhöhe
t1 : Impulsdauer des negativen Impulses -U_{MAX}

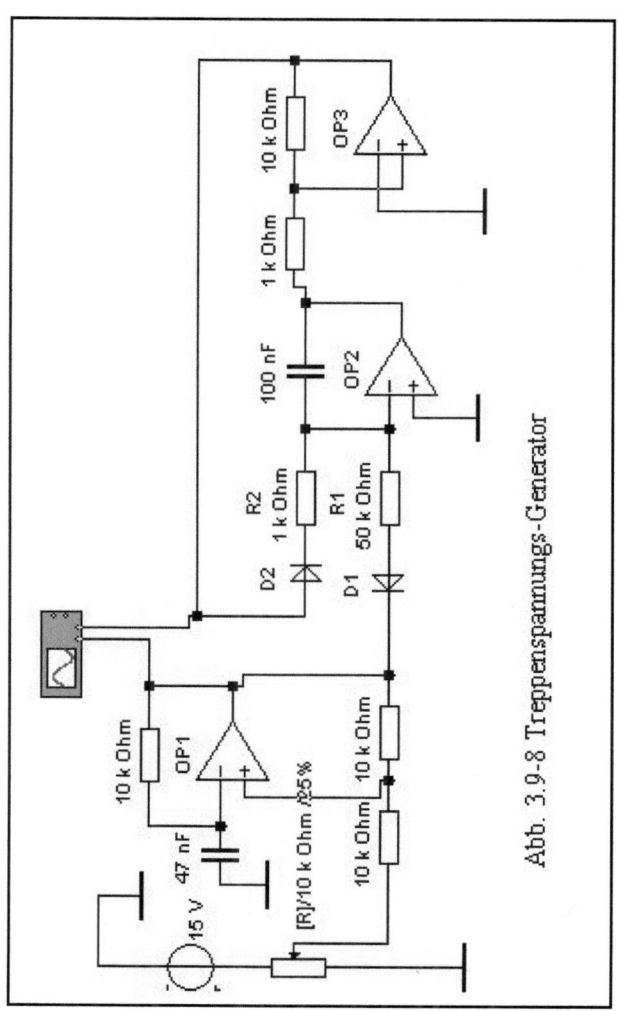

Abb. 4.14-1 Treppenspannungs-Generator

5. Reglerschaltungen mit Operationsverstärkern
5.1 Zeitverhalten von elektronischen Reglern
5.1.1 Der Proportionalregler (P-Regler)

Der P-Regler reagiert auf Änderungen der Regelabweichung direkt und proportional. In Abb. 5-1 ist ein P-Regler dargestellt. Er besteht aus einem invertierenden Verstärker mit nachgeschaltetem Inverter (Verstärkung -1). Das Ausgangssignal der Schaltung beträgt:

$$x_a = \frac{R2}{R1} \cdot x_w = K_P \cdot x_w \qquad (5.1)$$

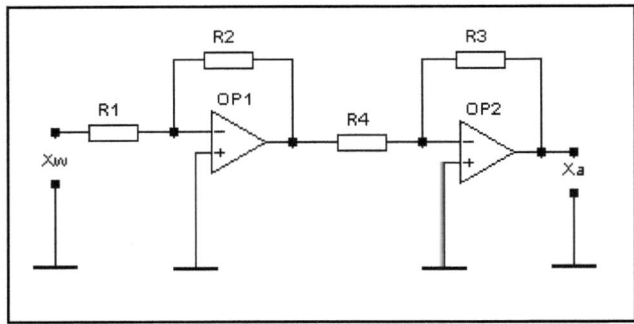

Abb. 5-1 P-Regler

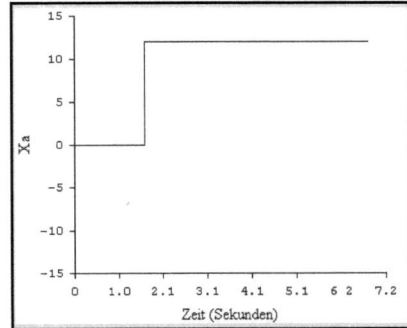

Abb. 5-2 Sprungantwort (Übergangsfunktion) eines P-Reglers

Der Kp-Faktor (Proportionalbeiwert) ist die charakteristische Größe des P-Reglers. Aus Abb. 5-2 geht das Zeitverhalten des P-Reglers hervor.

5.1.2 Der I-Regler

Während beim P-Regler das Ausgangssignal X_a proportional zu X_w ist, ist beim I-Regler die Änderungsgeschwindigkeit von X_a proportional zur Regelabweichung X_w

$$v_{xa} = \frac{\Delta x_a}{\Delta t} \qquad (5.2)$$

$$\frac{\Delta x_a}{\Delta t} = K_I \cdot x_w \quad ; \quad K_I = \frac{\Delta x_a}{\Delta t \cdot x_w} \qquad (5.3)$$

Die Konstante K_I wird als Integrierbeiwert des I-Reglers bezeichnet.

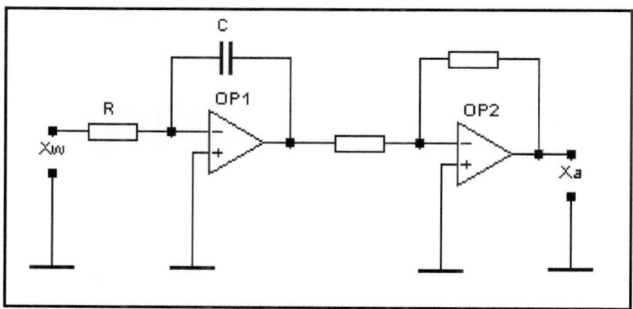

Abb. 5-3 I-Regler

Abb. 5-3 zeigt die Schaltung eines I-Reglers. Sie besteht aus einem Integrator mit nachgeschaltetem Inverter. Das Ausgangssignal des I-Reglers läßt sich nun mit Hilfe der Gleichung für einen Integrator leicht berechnen. Da die Eingangsgröße x_W konstant ist, gilt:

$$\Delta x_a = \frac{1}{R \cdot C} \cdot \Delta t \cdot x_w \qquad (5.4)$$

Setzt man Gl. 5.4 in Gl. 5.3 ein, dann erhält man

für den Integrierbeiwert:

$$K_I = \frac{\Delta x_a}{\Delta t} \cdot \frac{1}{x_w} = \frac{1}{R \cdot C} \qquad (5.5)$$

Die Gleichung zeigt, daß bei einer Sprungfunktion am Eingang des I-Reglers die Ausgangsgröße sich zeitlinear ändert, d.h., v_{Xa} ist direkt proportional zu x_W. Die Sprungantwort des I-Reglers zeigt Abb. 5-4

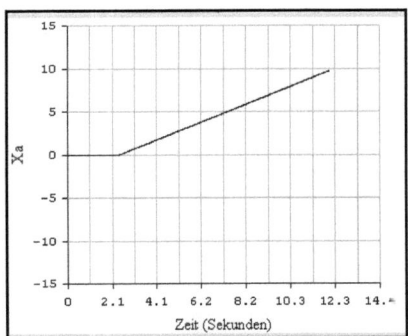

Abb. 5-4 Sprungantwort (Übergangsfunktion) eines I-Reglers

5.13 Der D-Regler

Einen D-Regler erhält man durch Reihenschaltung eines Differenzierers mit einem Inverter (Abb. 5-5).

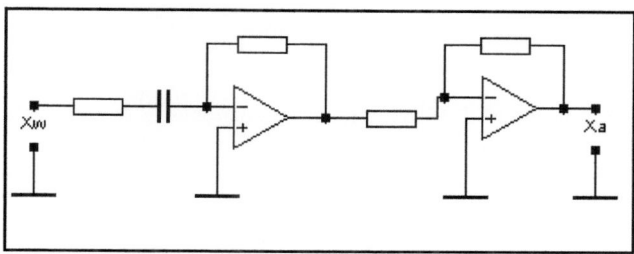

Abb .5-5 D-Regler

Beim Differenzierer ist das Ausgangssignal x_a direkt proportional der Änderungsgeschwindigkeit des Eingangssignals x_w. Für die Ausgangsspannung x_a der Schaltung lautet die Gleichung:

$$x_a = K_D \cdot \frac{\Delta x_w}{\Delta t} \qquad (5.6)$$

K_D ist der Differenzierbeiwert

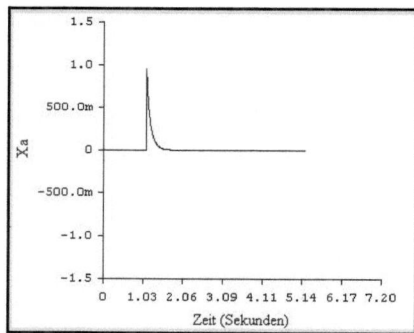

Abb. 5-6 Sprungantwort (Übergangsfunktion) eines D-Reglers

Gibt man auf den Eingang der Schaltung eine Sprungfunktion, so erhält man als Sprungantwort eine Nadelfunktion (Abb.5-6). Die abfallende Flanke dieser Nadelfunktion wird vom Eingangswiderstand des Differenzierers und der Eingangskapazität bestimmt.

5.1.4 Der PI-Regler

Ein proportional-integral wirkender Regler entsteht durch Überlagerung der Eigenschaften des P- mit denen des I-Reglers. Abb. 4.2-7 zeigt das Schaltbild, Abb. 5-8 die Sprungantwort (Übergangs-Funktion) des PI-Reglers.

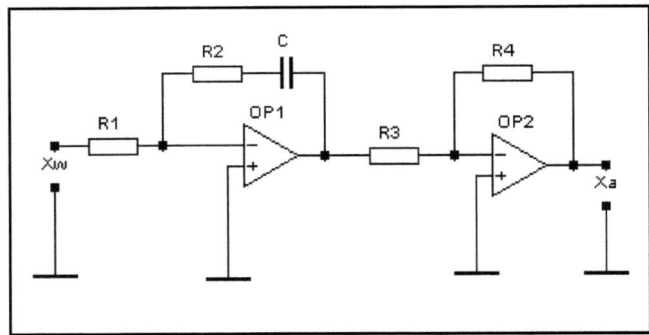

Abb. 5-7 PI-Regler

Die Sprungantwort setzt sich additiv aus den Anteilen des P- und des I-Reglers zusammen.

P-Regler: $\qquad x_a = K_P \cdot x_w \qquad$ (5.7)

I-Regler: $\qquad x_a = K_I \cdot x_w \cdot t \qquad$ (5.8)

PI-Regler: $\qquad x_a = K_P \cdot x_w + K_I \cdot x_w \cdot t \qquad$ (5.9)

$$x_a = x_w (K_P + K_I \cdot t) \qquad (5.10)$$

Durch Verlängerung des I-Anteils bis zur Zeitachse (Abb. 5-8) erhält man eine charakteristische Größe des PI-Reglers, die Nachstellzeit Tn.

$$T_n = \frac{K_P}{K_I} \qquad (5.11)$$

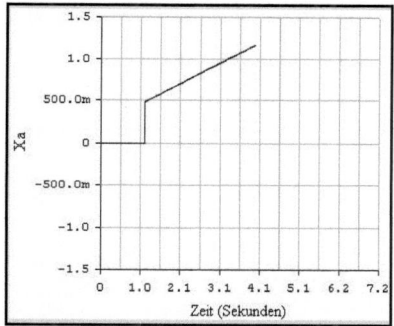

Abb. 5-8 Sprungantwort (Übergangsfunktion) des PI-Reglers

Ersetzt man in Gl.5.9 K_I durch Kp/Tn, so erhält man:

$$x_a = K_P \cdot x_w + \frac{K_P}{T_n} \cdot x_w \cdot t \qquad (5.12)$$

$$x_a = K_P \cdot \left[x_w + \frac{1}{T_n} \cdot x_w \cdot t \right] \qquad (5.13)$$

Durch Ausklammern von x_w ergibt sich:

$$x_a = K_P \cdot x_w \cdot \left[1 + \frac{1}{T_n} \cdot t \right] \qquad (5.14)$$

5.1.4.1 Aufnahme der Sprungfunktion eines PI- Reglers

Durchführung

1. Schaltung gemäß Abb. 5-9 aufbauen
2. Schalter S nach ca. 5 s schließen und nach weiteren 8 s wieder öffnen.
3. Diagramm mit Cursor auswerten

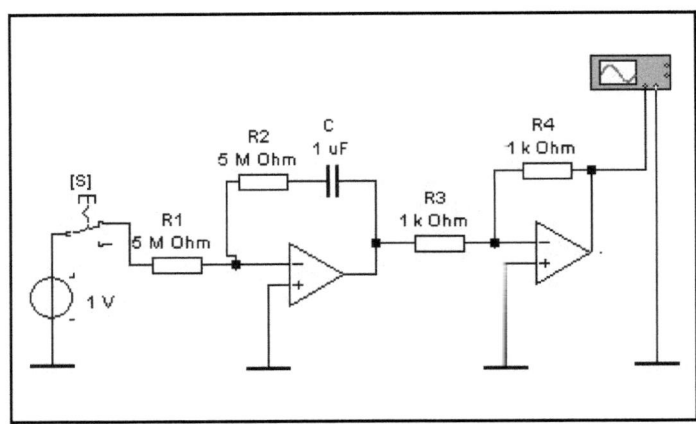

Abb. 5-9 Schaltung zur Aufnahme der Übergangsfunktion eines PI-Reglers

Auswertung

Aus der Übergangsfunktion (Sprungfunktion) ist der Proportionalbeiwert K_P, der Integrierbeiwert K_I die Verzugszeit T_n und das Ausgangssignal x_a nach 5 s zu ermitteln (Abb. 5-10).
Bei einer sprungförmigen Änderung der Eingangsgröße x_w wirkt der mit dem Widerstand R2 in Reihe liegende Kondensator C im Rückkopplungszweig von OP1 zunächst als Kurzschluß, so daß die Ausgangsspannung

$$x_a = x_w \cdot \frac{R2}{R1}$$

auftritt.

Dieser Spannungshub entspricht dem P-Anteil des PI- Reglers. Das Widerstandsverhältnis R2 / R1 dem Kp -Wert

$$K_P = \frac{R2}{R1}$$

Anschließend wird der Kondensator mit der Zeitkonstante Tn = R C aufgeladen.
Der aus der Kurve ermittelte Kp-Wert beträgt 1. Die Berechnung nach ergibt:

$$K_P = \frac{x_a}{x_w} = \frac{1}{1} = 1$$

Nach Gleichung 4.2.7 gilt für den Integrierbeiwert:

$$K_I = \frac{x_a}{x_w \cdot t}$$

Aus der Kurve wurde für 5 s ein Ausgangssignal von x_a = 1 V ermittelt. Das Eingangssignal beträgt x_w = 1 V. Daraus errechnet sich ein Integrierbeiwert von:

$$K_I = \frac{1}{5 \cdot 1} = 0{,}2 \cdot s$$

$$K_I = \frac{1}{R \cdot C} = \frac{1}{5 \cdot 10^6 \cdot 10^{-6}} = 0{,}2 \cdot s$$

Für die Verzugszeit Tn gilt dann:

$$T_n = \frac{K_p}{K_I} = \frac{1}{0,2} = 5 \cdot s$$

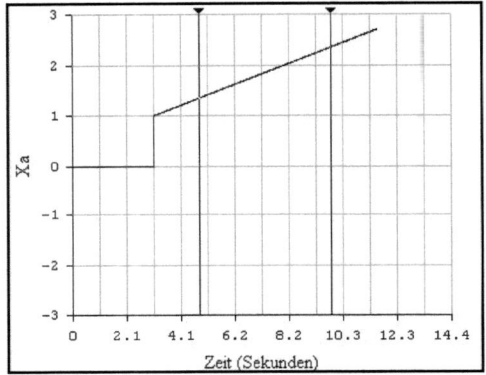

Abb. 5-10 Sprungantwort (Übergangsfunktion) eines PI-Reglers
1 V/dif, 1 s/dif

Das nach 5 s erreichte Ausgangssignal beträgt 2 V. Die rechnerische Kontrolle nach Gl. 5.13 ergibt:

$$x_a = K_P \cdot x_w \cdot \left[1 + \frac{1}{T_n} \cdot t\right] = 1 \cdot 1 \left[1 + \frac{1}{5} \cdot 5\right] = 2 \cdot V$$

5.1.5 Der PID-Regler

Einem PID-Regler erhält man durch Zusammenschaltung eines P- , I- und D-Reglers wie dies Abb. 5-11 zeigt.

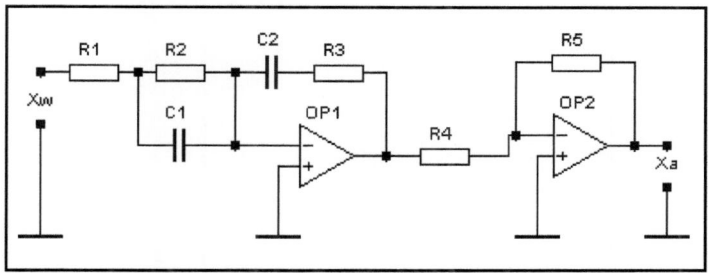

Abb. 5-11 PID-Regler

In Abb. 5-12 ist die Sprungantwort eines PID-Reglers dargestellt. Die Sprungantwort eines PID-Reglers läßt sich durch Addition der einzelnen Anteile gewinnen:

P-Regler: $\quad\quad\quad\quad \Delta x_a = K_P \cdot \Delta x_w \quad\quad\quad\quad$ (5.15)

I-Regler: $\quad\quad\quad\quad \Delta x_a = K_I \cdot \Delta x_w \cdot t \quad\quad\quad\quad$ (5.16)

D-Regler: $\quad\quad\quad\quad x_a = K_D \cdot \dfrac{\Delta x_w}{\Delta t} \quad\quad\quad\quad$ (5.17)

PID-Regler:

$$\Delta x_a = K_P \cdot \Delta x_w + K_I \cdot \Delta x_w \cdot \Delta t + K_D \cdot \frac{\Delta x_w}{\Delta t} \quad\quad (5.18)$$

Sowohl aus der Reglergleichung als auch aus der graphischen Darstellung der Übergangsfunktion (Abb. 5-12) läßt sich ersehen, daß die Sprungantwort im Moment der sprungförmigen Änderung von x_w mit einem sehr hohen und sehr kurzen Impuls (D-Wirkung) beginnt. Danach fällt die Sprungantwort ab und steigt gleichzeitig gleichförmig an (I-Wirkung).

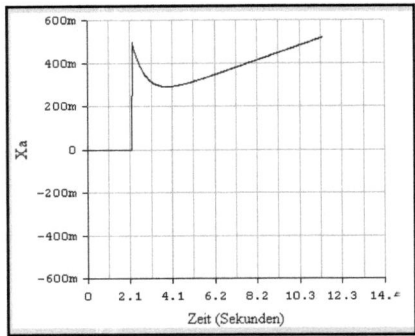

Abb 5-12 Sprungantwort (Übergangsfunktion) eins PID-Reglers

Die Kenngrößen K_P, K_I und T_n lassen sich aus der Sprungantwort (Abb. 5-12) bestimmen. Der PID-Regler verbindet die Vorteile von P-, I- und D-Regler. Bereits eine langsame Änderung von x_w erzeugt einen Sprung der Stellgröße y (D-Wirkung), die dann aufgrund der P- und I-Wirkung zunehmend schneller weiter verstellt wird, bis $x_w = 0$ ist.

5.2 Kennlinien von Regeleinrichtungen

Bei einem P-Regler besteht ein proportionaler Zusammenhang zwischen der Regeldifferenz x_d und der Stellgröße Y. Der proportionale Zusammenhang ist aber nur innerhalb des Proportionalbereichs Xp vorhanden.
Die Gleichung des P-Reglers lautet:

$$\frac{y - y_o}{x_d} = K_P = \frac{Y_h}{X_P}$$

Hierin bedeuten:

    Y: Stellgröße
    Yh: Stellbereich
    x_d : Regeldifferenz
    Xp: Proportionalbereich
    K_P: Proportional-Beiwert

K_P wird durch die Steigung ($\tan \alpha$) der Kennlinie des Reglers dargestellt. Mit einem P-Regler ergibt sich eine schnelle und stabile Regelung, wobei jedoch immer eine Regelabweichung bestehen bleibt.

Da zur Regelung die Regeldifferenz x_d gebildet werden muß, ist noch ein Vergleicher erforderlich, der die Differenz

$$x_d = w - x \qquad (5.19)$$

bildet

w: Sollwert (Führungsgröße)
x: Istwert der Regelgröße

Infolge der Wirkungsumkehr im Vergleicher ändert sich der Kennlinienverlauf..

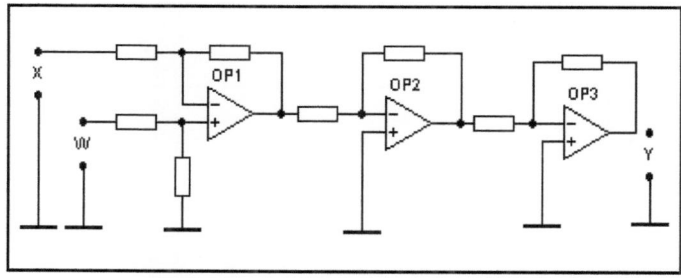

Abb. 5-13 P-Regler mit einem Differenzverstärker als Vergleicher

Abb. 5-13 zeigt einen P-Regler mit einem Differenzverstärker als Vergleicher

Wird R1 = R2 = R3 = R4 gewählt, so ergibt sich die Vergleicherfunktion für

$x = U_{E1}$, $w = U_{E2}$

$$x_d = w - x = U_{E2} - U_{E1} \qquad (5.20)$$

5.2.1 Aufnahme der Kennlinie einer P-Regeleinrichtung

Durchführung

1. Schaltung gemäß Abb.5.14 aufbauen
2. Am Eingang w des Differenzverstärkers einen Sollwert von 0,1 V einstellen
3. An den Eingang x verschiedene Spannungen (0,08...0,12) anlegen und jeweils die Spannung am Ausgang der Schaltung ablesen und notieren.
4. Die Kennlinie graphisch darstellen

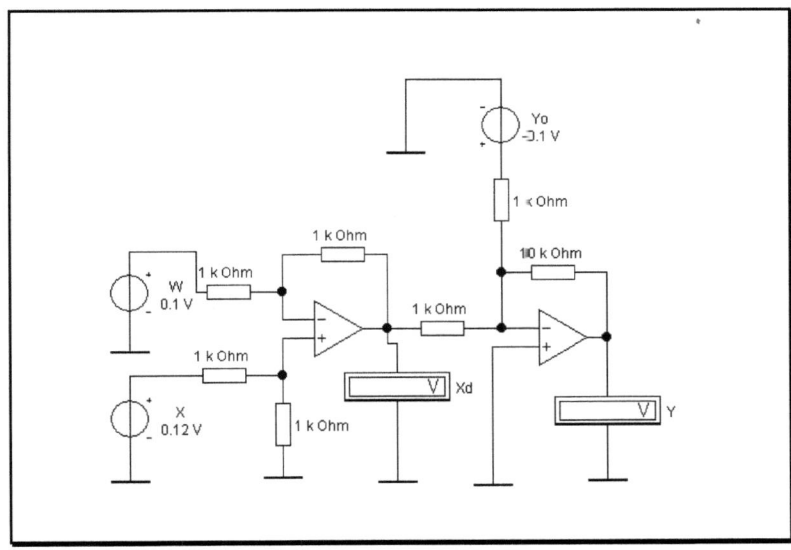

Abb. 5-14 Schaltung zur Aufnahme der Kennlinie einer P-Regeleinrichtung

Ergebnis:

Abb. 5-15 zeigt die Kennlinie der Regeleinrichtung.

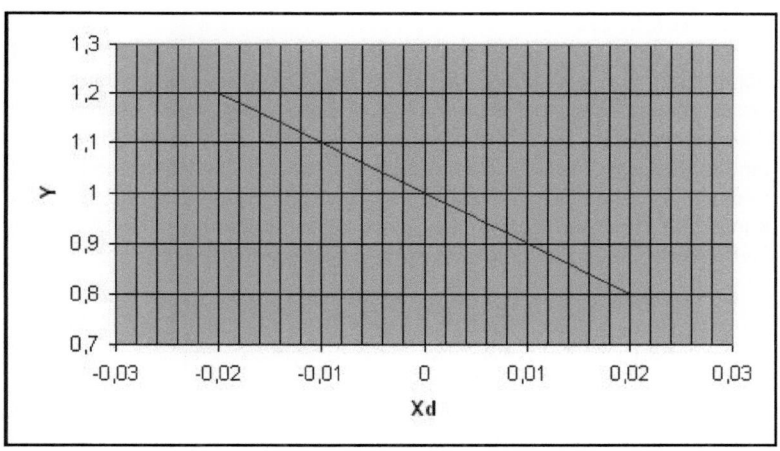

Abb. 5-15 Kennlinie der Regeleinrichtung

Dargestellt ist die Abhängigkeit der Stellgröße Y von der Regeldifferenz. Der Betriebspunkt beträgt 1 V. Ist der Sollwert w gleich dem Istwert der Regelgröße, so beträgt die Stellgröße y 1 V (Betriebspunkt). Aus der Kurve geht die Wirkungsumkehr hervor. Bei positiver Regelabweichung wird die Stellgröße Y verkleinert, bei negativer Regelabweichung hingegen vergrößert. Dies soll an einer Temperaturregelung erläutert werden: Ein Thermoelement mißt die Temperatur einer Regelstrecke und vergleicht sie mit der am Sollwerteinsteller eingestellten Führungsgröße w. Ist die Regelgröße x größer als der Sollwert w, wirkt der Regler so auf die Stellgröße ein, daß weniger Energie in die Regelstrecke fließt, d.h. der y-Wert wird verkleinert. Im umgekehrten Fall, wenn x kleiner als der Sollwert ist, wird die Stellgröße y vergrößert, so daß damit der Energiezufluß zur Temperaturregelstrecke vergrößert wird.

6. Anwendungen von Operationsverstärkerschaltungen in der elektrochemischen Analytik

6.1 Potentiometrie
6.1.1 Grundlagen

Potentiometrie ist die praktisch stromlose Messung von Elektrodenpotentialen zur Ermittlung der Aktivitäten von Lösungsbestandteilen. Die Meßanordnung besteht aus einer Meßelektrode, deren Potential von der Aktivität des Meßions abhängig ist, einer Referenzelektrode und einem Meßgerät mit sehr hochohmigem Eingang. Die Referenzelektrode muß ein von der Zusammensetzung der Meßlösung unabhängiges und konstantes Potential liefern. Die gemessene Spannung U der Meßkette ist die Potentialdifferenz von Meß- und Bezugselektrode:

$$U = E - E_B \tag{6.1.1}$$

U: gemessene Spannung
E: Potential der Meßelektrode
E_B : Potential der Bezugselektrode

Die Abhängigkeit des Potentials der Meßelektrode von der Konzentration (Aktivität) des Meßions wird durch die Nernst-Gleichung beschrieben:

$$E = E_0^{'} \pm \frac{2{,}303 \cdot R \cdot T}{n \cdot F} \cdot \log c_i \tag{6.1.2}$$

Hierin bedeuten:

E: Potential der Meßelektrode
E_0: Das auf die Wasserstoffelektrode umgerechnete Einzelpotential der Meßelektrode bei der Aktivität a = 1 mol/L
R: Allgemeine Gaskonstante (8,3143 J/mol K)
T: Temperatur (K)
n: Ladungszahl des Meßions
F: Faradaykonstante (96496 As/val)
C : Konzentration des Meßions i (mol/L)

Durch Zusammenfassung aller Konstanten zum Nernstfaktor S erhält man:

$$S = \frac{2{,}303 \cdot R \cdot T}{n \cdot F} \qquad (6.1.3)$$

$$E = E_0' \pm S \cdot \log \cdot c_i \qquad (6.1.4)$$

Der theoretische Wert des Nernstfaktors bei 25° C beträgt 59,16 mV/n pro Aktivitätsdekade. Bei Kationen hat er ein positives, bei Anionen ein negatives Vorzeichen. Für die Meßkettenspannung U ergibt sich dann

$$U = E_0' \pm S \cdot \log \cdot c_i - E_B \qquad (6.1.5)$$

E_0 und E_B lassen sich zum Standardpotential U_0 der Meßkette zusammenfassen.

$$U = U_0 \pm S \cdot \log \cdot c_i \qquad (6.1.6)$$

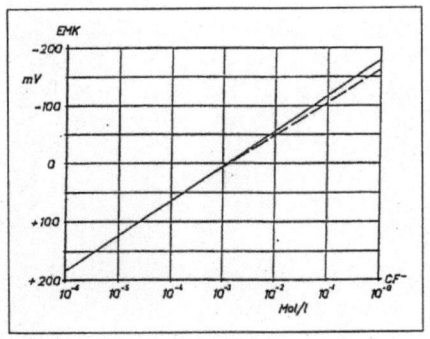

Abb. 6.1-1 Kalibrierkurve einer Fluoridelektrode
(Die durchgezogene Linie gibt die Abhängigkeit des Meßkettenpotentials von der Aktivität, die unterbrochene von der Konzentration wieder)

Trägt man die Meßkettenspannung U gegen den Logarithmus der Konzentration des zu messenden Ions auf, erhält man die Meßkettenkennlinie oder Kalibrierkurve (Abb. 6.1-1).

Aus Gleichung 6.1.6 läßt sich die Analysenfunktion ableiten:

$$c_x = 10^{\left(\frac{U-U_0}{S}\right)} \qquad (6.1.7)$$

6.1.2 Meßtechnik

Die von einer Meßkette gelieferte Spannung U ist unter Stromfluß um den Spannungsabfall $I \cdot R_i$ am Innenwiderstand R_i der Zelle kleiner als die Meßzellenspannung U_Z

$$U = U_Z - I \cdot R_i \qquad (6.1.8)$$

wobei sich R_i aus Elektrolyt- und Polarisationwiderständen zusammensetzt. Eine genaue Messung der Zellenspannung ist also nur möglich, wenn Meßgeräte mit sehr hohem Eingangswiderstand verwendet werden, so daß I gegen Null geht.

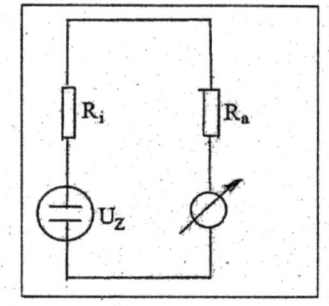

Abb. 6.1-2 Ersatzschaltbild eines potentiometrischen Meßkreises
U_Z : Meßkettenspannung, R_i : Membranwiderstand R_a : Eingangswiderstand

Für den in einem Meßkreis (Abb. 6.1-2) fließenden Strom gilt:

$$I = \frac{U_Z}{R_a + R_i} \qquad (6.1.9)$$

R_i: Innenwiderstand der Meßzelle
R_a: Eingangswiderstand des Messgerätes

Setzt man für I in Gleichung 6.1.8 den Ausdruck von Gleichung 6.1.9 ein, so erhält man:

$$U = U_Z - \frac{U_Z \cdot R_i}{R_a + R_i} \qquad (6.1.10)$$

$$U = U_Z \cdot \left(1 - \frac{R_i}{R_a + R_i}\right) \qquad (6.1.11)$$

Durch Umstellung der Gleichung 6.1.11 erhält man:

$$U = U_Z \cdot \frac{R_a}{R_a + R_i} \qquad (6.1.12)$$

Die Gleichung zeigt, daß nur dann die Zellenspannung richtig gemessen wird, wenn

$$R_a \gg R_i$$

wird.

Am folgenden Beispiel werden die Einflüsse gezeigt:

Meßkettenspannung U_Z: 0,5 V
Eingangswiderstand R_i: 50 MOhm
Membranwiderstand R_a: 200 MOhm

Der im Stromkreis fließende Strom beträgt:

$$I = \frac{U_Z}{R_i + R_a} = \frac{0,5}{(50 + 200) \cdot 10^6} = 2 \cdot 10^{-9} \cdot A$$

Der Spannungsabfall am Eingangswiderstand R_a des Meßinstruments beträgt:

$$U = I \cdot R_a = 2 \cdot 10^{-9} \cdot 5 \cdot 10^7 = 0,1 \cdot V$$

An der Meßkette fallen nach Gleichung 6.1.12

$$U = I \cdot R_i = 2 \cdot 10^{-9} \cdot 2 \cdot 10^8 = 0,4 \cdot V$$

ab.

Es resultiert ein relativer Fehler:

$$F(\%) = \frac{0,4 - 0,5}{0,5} = -20\%$$

Berücksichtigt man, daß eine Unsicherheit der Meßkettenspannung von 1 mV bei der Messung von einwertigen Ionen einen relativen Fehler von 4 % verursacht, würden 100 mV einen Meßfehler von mehreren Größenordnungen hervorrufen. Bei mit Operationsverstärkern mit FET-Eingang aufgebauten Elektrometerschaltungen wird ein Eingangswiderstand von 10^{12} - 10^{13} Ohm erreicht und damit die Bedingung auch bei sehr hochohmigen Meßketten (Glaselektroden) erfüllt.
 Bei einer Forderung eines Meßfehlers von < O,1 % muß der Eingangswiderstand des Meßgerätes mindestens drei Zehnerpotenzen größer als der Innenwiderstand der Meßzelle sein.
Neben diesen rein meßtechnischen Gesichtspunkten ist eine praktisch stromlose Messung der Meßkettenspannung auch deshalb erforderlich, damit die auf der Elektrodenoberfläche herrschenden Konzentrationsverhältnisse gleich den Konzentrationsverhältnissen im Lösungsinnern sind. Bei einem Stromfluß würden infolge von elektrochemischen Vorgängen (Oxidation, Reduktion) die Konzentrationsverhältnisse an der Elektrodenoberfläche von denen im Löungsinneren abweichen. Da aber die Elektrode nur auf die an ihrer Oberfläche herrschenden Konzentration anspricht, würde das zu Fehlmessungen führen.

6.1.3 Schaltungen für die Potentiometrie
6.1.3.1 Potentialmessung mit einer Kompensationsschaltung nach Poggendorf

Potentialmessungen an galvanischen Zellen müssen stromlos durchgeführt werden, da auch geringe Ströme zu Polarisationserscheinungen führen, die das Messergebnis verfälschen.
Die älteste Methode zur Messung der EMK an galvanischen Zellen ist die Kompensationsmethode nach Poggendorf. Hierbei wird der Messkette über eine Spannungsteilerschaltung eine Kompensationsspannung entgegengeschaltet. In Reihe mit der zu messenden Spannung Ex liegt ein empfindliches Galvanometer. Abb. 6.1-3 zeigt das Messprinzip der Methode.

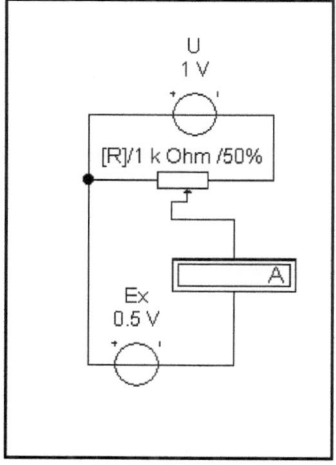

Abb. 6.1-3 Prinzip einer Kompensationsschaltung nach Poggendorf

Wenn die am Spannungsteiler abgegriffene Spannung so groß ist wie die EMK der Messkette, fließt kein Strom mehr über das Galvanometer. Für I=0 gilt

$$E_X = U \cdot \frac{R_X}{R} \qquad (6.1.13)$$

Die Kompensationsspannung kann dann niederohmig am Spannungsteiler abgegriffen werden.

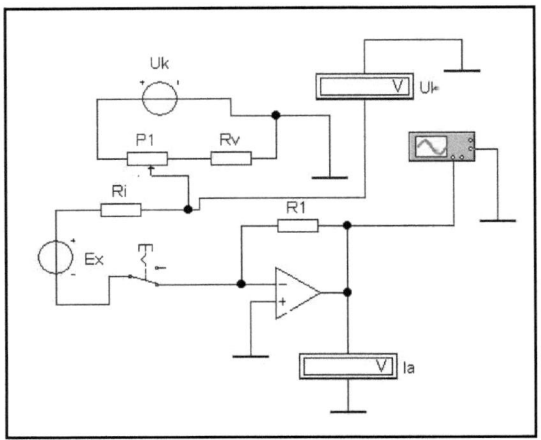

Abb. 6.1-4 Kompensationsschaltung nach Poggendorf

Abb. 6.1-4 zeigt eine Kompensations-Schaltung. Über das Potentiometer P1 wird eine Spannung abgegriffen, die der zu messenden Spannung Ex entgegengeschaltet ist. Zur Nullstromanzeige dient ein Strom-Spannungs-Wandler. Der Null-Abgleich kann am Instrument Ia bzw. am Oszillografen abgelesen werden. Am Instrument UK wird die am Spannungsteiler eingestellte Kompensationsspannung angezeigt. Sie entspricht der Spannung Ex.

Mit dieser Schaltung können auch an sehr hochohmigen Spannungsquellen (z.B. Glaselektroden) Potentialmessungen durchgeführt werden.

6.1.3.2 Messungen von Zellspannungen mit einer Elektrometerschaltung

Eine Einsatzmöglichkeit zur Messung von Signalen an hochohmigen Quellen (z.B. pH-Elektroden) ist die Anwendung eines nichtinvertierenden Verstärkers als Spannungsfolger (Elektrometerschaltung) (Abb. 6.1-5).

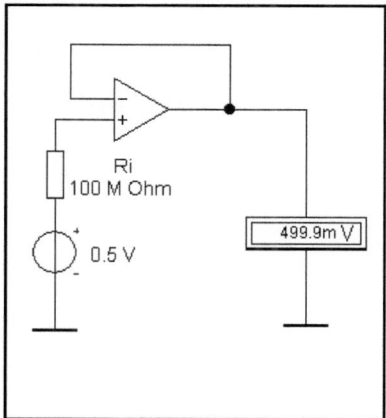

Abb. 6.1-5 Elektrometerschaltung

Bei dieser Anwendung ist der Eingangsruhestrom die Hauptfehlerquelle. Bei einem Verstärker als Spannungsfolger an einer Signalquelle R_S lautet die Übertragungsfunktion :

$$U_A = U_E - I_B \cdot R_S \qquad (6.1.14)$$

U_E : Eingangsspannung
I_B : Eingangsstrom
R_S : Eingangswiderstand der Signalquelle

Daraus wird ersichtlich, dass bei dieser Schaltung Verstärker mit hohen Eingangsströmen nicht in Frage kommen.

Bei der Anwendung eines Operationsverstärkers mit einem Eingangsstrom von 5 10^{-10}A, einer Offsetspannung von 3 mV und einer Eingangsspannung von 200 mV würde man an einer Signalquelle mit einem Innenwiderstand 10^8 Ohm folgende Ausgangsspannung messen:

$$U_A = U_E - I_B \cdot R_S + U_{off}$$
$$U_A = 0{,}200 - 5 \cdot 10^{-10} \cdot 10^8 + 0{,}003$$
$$U_A = 153 \text{ mV}$$

Der Messwert wäre danach um –47 mV fehlerhaft.

6.1.3.3 Einfachste Schaltung für potentiometrische Messungen

Abb. 6.1-6 zeigt das vollständige Schaltbild einer Meßanordnung für potentiometrische Messungen.

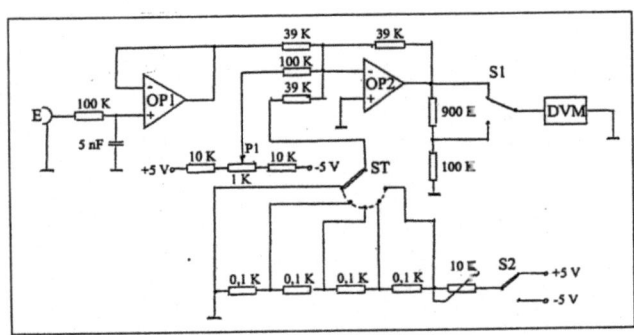

Abb. 6.1-6 Einfachste Schaltung für potentiometrische Messungen
    E : Eingang
    ST : Stufenschalter für die Kompensationsspannung
    P1 : Potentiometer zur stufenlosen Einstellung
        der Kompensationsspannung
    S1 : Meßbereichsumschalter
    S2 : Polarität der Kompensationsspannung
    DVM : Digitalvoltmeter

Die Meßkettenspannung liegt am hochohmigen Eingang des mit OP1 aufgebauten Elektrometerverstärkers (Impedanzwandler). Die Ausgangsspannung des Impedanzwandlers wird einem Eingang des Addierers (OP2) zugeführt. Die beiden anderen Eingänge des Addierer sind mit jeweils einer Spannungsteilerschaltung verbunden. Mit dem Stufenschalter ST kann über eine Spannungsteilerschaltung an den Addierer eine Spannung in 4 Stufen von jeweils 100 mV, deren Polarität über den Schalter S2 wählbar ist, angelegt werden. Das Potentiometer P1 ermöglicht eine stufenlose Einstellung der an einem weiteren Eingang des Addierers anliegenden Spannung. Mit Hilfe der beiden Potentiometerschaltungen kann das Anfangspotential der Meßkette unterdrückt werden, so daß mit hoher Anzeigeempfindlichkeit gearbeitet werden kann. Der Ausgang des Addierers ist über einen Meßbereichsumschalter (S1) mit einem Digitalvoltmeter verbunden. Das Digitalvoltmeter hat einen Meßbereich von 200 mV und eine Auflösung von 0,1 mV.

6.1.3.4 Funktion und Aufbau eines pH-Meters

Grundlage der pH-Wert-Messung ist der Befund, daß eine pH-Meßkette beim Eintauchen in eine Meßlösung eine Spannung U ergibt, die über die Nernst-Gleichung mit dem pH-Wert der Lösung in Zusammenhang steht. Das Potential einer solchen Meßkette läßt sich durch folgende Gleichung beschreiben:

$$U = \left[2{,}303 \cdot \frac{R}{F}(273+t)\right] \cdot (7 - pH) \qquad (6.1.15)$$

Hierin bedeuten:
R : Allgemeine Gaskonstante
F : Faradaykonstante
t : Temperatur in °C
pH : pH-Wert der Meßlösung

Der Ausdruck der eckigen Klammer wird als Steilheit (Nernstfaktor) der Elektrode bezeichnet; er hat für 25 °C den Wert von 59,16 mV

$$U = 59{,}16 \text{ mV } (7 - pH) \qquad (6.1.16)$$

Die Gleichung zeigt, daß bei einem pH-Wert von 7,0 die Meßkettenspannung der Meßkette "0" Volt beträgt (Meßkettennullpunkt).
Trägt man die Meßkettenspannung als Funktion des pH-Wertes auf, so erhält man eine Gerade, deren Neigung der Steilheit der Meßkette entspricht (Abb. 6.1-7).

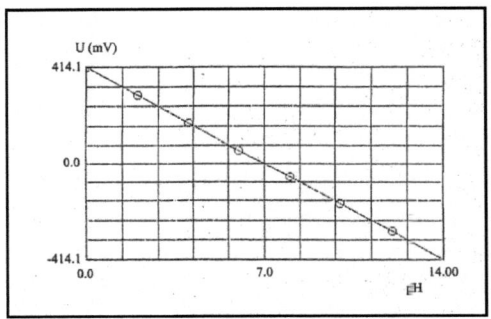

Abb. 6.1-7 Kennlinie einer Glaselektroden-Meßkette

Tatsächlich zeigen aber Glaselektroden-Meßketten aufgrund von Fertigungstoleranzen und Alterungen nach längerem Gebrauch Abweichungen von der angegebenen Elektrodenfunktion. Der Meßkettennullpunkt liegt nicht genau bei pH 7 und die Elektrodensteilheit weicht vom Nernstfaktor ab. Die Abweichung der Meßkettenspannung bei pH 7 von Null bezeichnet man als Asymmetriepotential. Deshalb ist immer eine Anpassung durch eine Kalibrierung an den Meßverstärker erforderlich.
Meßtechnisch ist weiterhin zu beachten, daß Glaselektroden einen sehr hohen, temperaturabhängigen Innenwiderstand (50 MOhm-200 MOhm) aufweisen
Um Meßfehler durch einen ohmschen Spannungsabfall an der Meßkette zu vermeiden, muß der Eingangswiderstand des Meßgerätes mindestens 100 mal größer als der Membranwiderstand der Glaselektrode sein. Aus den vorher beschriebenen elektrischen Eigenschaften von pH-Meßketten lassen sich die wichtigsten an ein pH-Meßgerät zu stellenden Forderungen ableiten.

- Der Eingangswiderstand des Verstärkers sollte mindestens zwei bis drei Zehnerpotenzen höher sein als der

maximale Membranwiderstand der Glaselektrode.
- Die Abweichung der Meßkettensteilheit vom theoretischen Wert muß durch Veränderung des Verstärkungsfaktors korrigierbar sein.
- Es muß eine Möglichkeit zum Abgleich des Asymmetriepotentials gegeben sein.

Abb. 6.1-8 zeigt das vollständige Schaltbild des pH-Meßgerätes. Es ist aus einem Elektrometerverstärker mit einem Eingangswiderstand von $>10^{12}$ Ohm , einer Konstantspannungsquelle und einem Addierer aufgebaut.

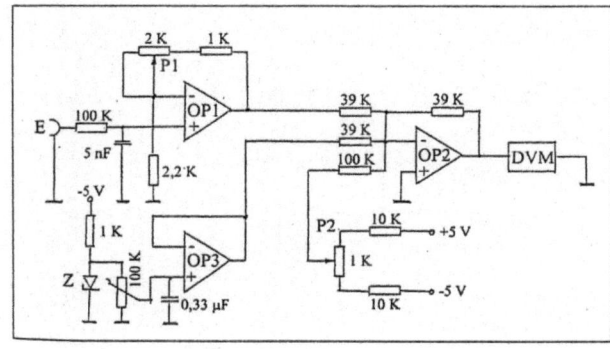

Abb. 6.1-8 Schaltung eines pH-Meters
E : Eingang
P1 : Steilheitskorrektur
P2 : Asymmetriepotential-Korrektur
DVM : Digitalvoltmeter
Z : Zenerdiode, 1 V
OP1 : CA 3140
OP2, OP3 : TL 071

Die Meßkettenspannung liegt am Eingang des mit dem Operationsverstärkers OP1 aufgebauten Elektrometerverstärkers. Zur Unterdrückung von Netzbrumm und Rauschen ist der Eingang mit einem Tiefpaß beschaltet. Durch Veränderung des Verstärkungsgrades mittels P1 kann die Ausgangsspannung des Elektrometerverstärkers der jeweiligen Elektrodensteilheit angepaßt werden. Der Ausgang des

Verstärkers führt zu einem Eingang des Addierers (OP2). Die mit dem Operationsverstärker OP3 aufgebaute Konstantspannungsquelle liefert eine Ausgangsspannung von -700 mV, die ebenfalls einem Eingang des Addierers zugeführt wird. Damit wird erreicht, daß beim Meßkettennullpunkt (pH 7) am Ausgang des Addierers eine Ausgangsspannung von +700 mV (entsprechend einem pH-Wert von 7,00) liegt die vom Digitalvoltmeter angezeigt wird. Zum Abgleich des Asymmetriepotentials wird eine mit P2 einstellbare Spannung einem weiteren Eingang des Addierers zugeführt. Zum besseren Verständnis der Wirkungsweise der Schaltung hier ein Beispiel, wobei davon ausgegangen wird, daß die Elektrodensteilheit 59,16 mV beträgt.

pH-Wert: 5,00

Nach Gleichung 6.1.16 beträgt die Meßkettenspannung

$$U = 59,16 \text{ mV} (7-5) = 118,3 \text{ mV}$$

Bei einer eingestellten Verstärkung von 1,69 beträgt die Ausgangsspannung des Elektrometerverstärkers:

$$U = 118,3 \text{ mV} \cdot 1,69 = 200 \text{ mV}$$

Am Eingang des Addierers liegt danach die verstärkte Messkettenspannung U_1 (200 mV), die Spannung der Konstantspannungsquelle U_2 (-700 mV) und die Spannung U_3 der Spannungsteilerschaltung.
Unter der Voraussetzung, daß $U_3 = 0$ ist, ergibt sich für die Ausgangsspannung des Addierers

$$-U = U_1 + U_2 + U_3$$

$$-U = 200 \text{ mV} + (-700 \text{ mV}) + 0 = 500 \text{ mV} = \text{pH } 5,00$$

Ein pH-Wert von 9,00 ergibt danach eine Ausgangsspannung:

$$-U = (-200 \text{ mV}) + (-700 \text{ mV}) + 0 = 900 \text{ mV} = \text{pH } 9,00.$$

Abgleich der Schaltung:

1. Den Eingang der Schaltung auf Masse legen.
2. Den Ausgang der Konstantspannungsquelle vom Eingang des Addierers trennen und danach mit dem Potentiometer P2 am Ausgang der Schaltung ein Potential von "0" mV einstellen.
3. Konstantspannungsquelle mit dem Eingang des Addierers verbinden und mit dem Trimmpotentiometer eine Ausgangsspannung von +700 mV einstellen.

Kalibrierung des pH-Meßgerätes

Für die Kalibrierung des pH-Meßgerätes sind mindestens zwei Pufferlösungen erforderlich. Durch eine Zweipunktkalibrierung wird sowohl der Nullpunkt als auch die Steilheit (mV/pH) der Meßkette an den Meßumformer angepaßt. Die Kalibrierung erfolgt analog der eines handelsüblichen pH-Meters. Die Elektrode wird in einen Eichpuffer pH 7,00 gegeben und mit dem Potentiometer P2 die Ausgangsspannung am Ausgang von OP2 auf 700 mV eingestellt. Danach erfolgt die Messung mit einem Eichpuffer pH 3,00, die erforderliche Ausgangsspannung von 300 mV wird mit dem Potentiometer P1 eingestellt. Dieser Vorgang ist mindestens noch einmal zu wiederholen.

Abb. 6.1-9 zeigt graphisch die Nullpunktkompensation und die Steilheitskompensation. Durch die Nullpunktkompensation wird die Kalibriergerade parallel auf der pH-Achse zum Sollwert von 7,00 verschoben, während durch die Steilheitskorrektur die Steigung der Kalibriergeraden verändert wird.

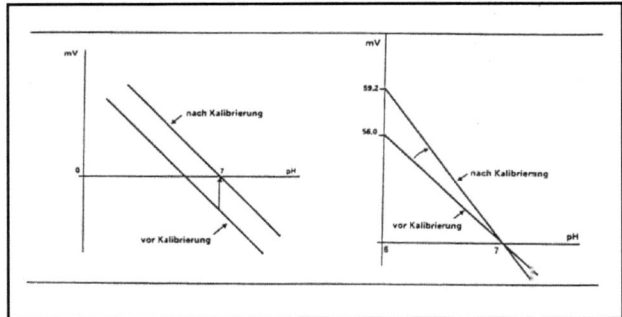

Abb. 6.1-9 Schematische Darstellung der Nullpunkt- und Steilheitskorrektur

6.1.3.5 Rechnerunterstützte pH-Messung

Bei der Anwendung eines Rechners mit einem A/D-Wandler ist zur Messung des pH-Wertes nur ein Impedanzwandler mit einem Eingangswiderstand von $> 10^{12}$ Ohm erforderlich. Die Auflösung des A/D-Wandlers sollte besser als 0,1 mV sein. Abb. 6.1-10 zeigt den Aufbau des Impedanzwandlers (Elektrometerverstärker).

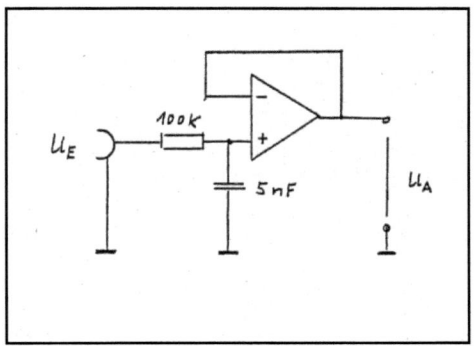

Abb. 6.1-10 Schaltung für die rechnergesteuerte pH-Messung
U_E : Eingang , U_A : Ausgang , OP : CA 3140

Der Eingang des Impedanzwandlers ist mit einem Tiefpaß (R/C-Glied) versehen, um Netzbrumm und Rauschen zu unterdrücken. Bei der Kalibrierung mit zwei Eichstandards sind keine weiteren Einstellungen erforderlich, weil die Berechnung des pH-Wertes nach folgender Gleichung

$$pH = pH_1 - \frac{(U - U_1) \cdot (pH_2 - pH_1)}{U_1 - U_2} \qquad (6.1.17)$$

erfolgt.

Hierin bedeuten:

pH_1 : pH-Wert des 1. Standards
pH_2 : pH-Wert des 2. Standards
pH : pH-Wert der Probe
U_1 : Meßkettenspannung des 1. Standards
U_2 : Meßkettenspannung des 2. Standards
U : Meßkettenspannung der Probe

Für weitere Messungen wird der pH-Wert nach folgender Gleichung berechnet:

$$pH = pH_1 - \frac{U - U_1}{S} \qquad (6.1.18)$$

Hierin bedeutet S die Steilheit der Elektrode.

$$S = \frac{U_1 - U_2}{pH_2 - pH_1} \qquad (6.1.19)$$

Software

Nach dem Starten des Programms werden die pH-Werte der beiden zur Kalibrierung erforderlichen Standardpufferlösungen abgefragt. Nach deren Eingabe erfolgt die Messung des 1. Standards. Das Meßkettenpotential wird auf dem Bildschirm ausgegeben. Wenn der Meßwert stabil ist, wird dies dem Rechner bestätigt und der Meßwert wird übernommen. In der gleichen Weise erfolgt die Messung des 2. Standards und der Probelösung. Danach wird der pH-Wert nach Gleichung 6.1.17 berechnet. Der berechnete pH-Wert, die gemessenen Meßkettenpotentiale und die Steilheit der Elektrode werden auf dem Bildschirm ausgegeben. Es folgt nun eine Abfrage, ob weitere Messungen durchgeführt werden sollen. Wird dies mit "J" beantwortet, werden die folgenden Messungen in der ober beschriebenen Weise durchgeführt. Die pH-Werte werden nach Gleichung 6.1.18 berechnet.

Abb. 6.1-11 zeigt das Arbeitsblatt der Auswertung von Potentialmessungen an einer Glaselektroden-Meßkette mit Hilfe eines Excel-Programms. In das Arbeitsblatt werden die pH-Werte der Eichpuffer (pH1, pH2), die dazugehörigen Meßwerte (U1, U2) und der Meßwert der zu untersuchenden Lösung (U) eingetragen.

	A	B	C	D
5				
6		Auswertung von pot. pH-Messungen		
7				
8		pH1	7	6,00
9		pH2	3	
10		U1	5	
11		U2	241,6	
12		U	64,16	
13				
14				
15				

Abb. 6.1-11 Arbeitsblatt pH-Messung

6.1.3.6 Rechnerunterstützte Zweipunkt-Kalibrierung von ionensensitiven Elektroden

Bei dieser Kalibrierung wird sowohl die Steilheit S der Elektrodenmeßkette als auch das Standardelektrodenpotential E_0 ermittelt. Voraussetzung ist, dass im linearen Bereich der Messkettenkennlinie gearbeitet wird.
Auch hier ist darauf zu achten, dass die Aktivitätskoeffizienten des Messions von Standard- und Messlösung gleich sind. Es werden zwei Standards vermessen, deren Konzentrationen sich mindestens um den Faktor 10 unterscheiden und die Konzentration des Messions der zu untersuchenden Probe einschließen. Die Auswertung kann graphisch als auch rechnerisch erfolgen. Das Rechnerprogramm ermittelt nach GL. 6.1.23 die Elektrodensteilheit und nach Gl. 6.1.24 das Standardelektrodenpotential. Die Konzentration der Probe wird mit Hilfe der Gl. 6.1.25 berechnet
Die rechnerunterstützte Kalibrierung und Auswertung von potentiometrischen Messungen mit ionensensitiven Elektroden bietet einige Vorteile. So werden komplizierte und aufwendige Berechnungen vom Programm des Rechners übernommen. Das führt nicht nur zu einer erheblichen Zeitersparnis, sondern schließt auch Rechenfehler aus. Die Elektrodenparameter (Steilheit, Standardpotential) können mit Elektrodenbezeichnung und Datum abgespeichert werden. Diese können dann jederzeit zur Überprüfung des Elektrodenzustandes aufgerufen werden.
Die rechnerische Auswertung erfolgt wie nachstehend angegeben:

1. Messung der Probelösung
$$E_X = E_0 + S \cdot \log c_X \qquad (6.1.20)$$
2. Messung von Standard 1
$$E_1 = E_0^{'} + S \cdot \log c_1 \qquad (6.1.21)$$
3. Messung von Standard 2
$$E_2 = E_0^{'} + S \cdot \log c_2 \qquad (6.1.22)$$

$$S = \frac{E_1 - E_2}{\log c_1 - \log c_2} = \frac{\Delta E}{\Delta \log c} \qquad (6.1.23)$$

$$E_0' = \frac{E_2 \cdot \log c_1 - E_1 \cdot \log c_2}{\log c_1 - \log c_2} \qquad (6.1.24)$$

$$c_x = 10^{\frac{E_x - E_0}{S}} \qquad (6.1.25)$$

Hierin bedeuten:

E_1 : Elektrodenpotential von Standard 1
E_2 : Elektrodenpotential von Standard 2
E_0 : Standardelektrodenpotential
S : Steilheit der Elektrode
c_1 : Konzentration von Standard 1
c_2 : Konzentration von Standard 2
c_X : Konzentration der Analysenlösung
E_X : Elektrodenpotential der Analysenlösung

Aufgabe
Es ist ein Excel-Programm zu schreiben, das die Auswertung einer Bestimmung mit einer ionenselektiven Elektrode nach der Zweipunkt-Kalibrierung ermöglicht.
Die Messung der Elektrodenpotentiale soll mit der in Abb. 6.1-9 angegebenen Schaltung durchgeführt werden.
Folgende Elektrodenpotentiale wurden gemessen:

E_X : 382 mV
E_1 : 323 mV
E_2 : 382 mV

Lösung

Abb. 6.1-12 zeigt das Arbeitsblatt zur Lösung der Aufgabe. Die doch relativ aufwendigen Berechnungen zur Konzentrationsermittlung der Probe können mit dem Arbeitsblatt schnell und fehlerfrei durch-geführt werden.
Erläuterungen zu Abb. 6.1-12

Zellen B8 – B12: Eingaben

    E1 (mV): Messwert von Standard1
    E2 (mV): Messwert von Standard 2
    Ex (mV): Messwert der Probe
    c1 (mol/L): Konzentration von Standard 1
    c2 (mol/L): Konzentration von Standard 2

	A	B	C	D
1				
2		Arbeitsblatt K1		
3				
4		Zweipunkt-Kalibrierung		
5				
6	Eingaben			
7				
8	E1: [mV] =	323		
9	E2: [mV] =	382		
10	Ex: [mV] =	382		
11	c1: [mol/L]=	0,001		
12	c2: [mol/L]=	0,01		
13				
14	Zwischenberechnungen			
15				
16	S =	59		
17	Eo =	500,00		
18				
19	Ergebnis			
20				
21	cx: [mol/L]=	0,01		
22				

Abb. 6.1-12   Zweipunkt-Kalibrierung

Zelle B16: Berechnung von S

$$S = \frac{E_1 - E_2}{\lg c_1 - \lg c_2}$$

=(B8-B9)/LOG10(B11)-LOG10(B12))

Zelle B17: Berechnung von Eo

$$E_0 = E_1 - S \cdot \lg c_1$$

=B8-(B16*LOG10(B1_))

Zelle B21: Berechnung der Konzentration der Probe cx

$$c_X = 10^{(\frac{E_x - E_0}{S})}$$

=10^((B10-B17)/B16)

6.1.3.7 Aufbau eines pH-Meters in Modultechnik

Die Funktion der Schaltung ist in Abschnitt 6.1.3.4 beschrieben

Schaltungsmodule für den Versuchsaufbau:
- Nichtinvertierender Verstärker (Abb. 6.1-13)
- Konstantspannungsquelle (Abb. 6.1-14)
- Addierer (Abb. 6.1-15)
- Potentiometerschaltung (Abb. 6.1-16)

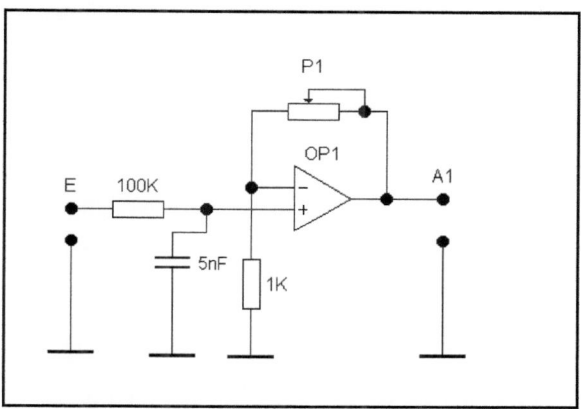

Abb. 6.1-13 Nichtinvertierender Verstärker
E. Eingang
 A1: zum Eingang E1 des Addierers (Abb. 6.1-15)
Op1: BB 3527, P1: 1K, 10-Gang

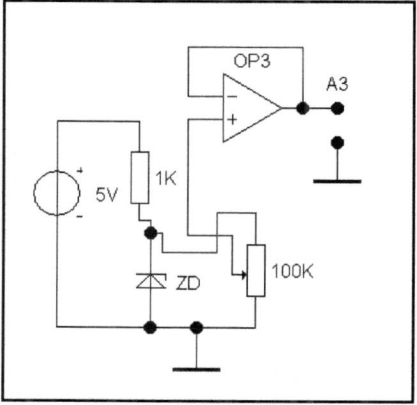

Abb. 6.1-14 Konstantspannungsquelle
A3: zum Eingang E2 des Addierers (Abb. 6.1-15)

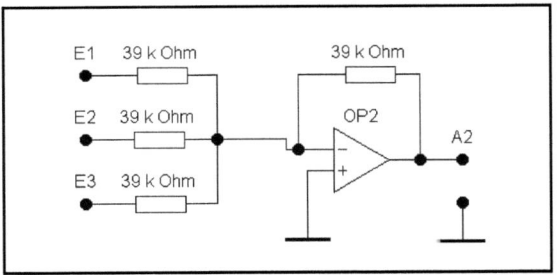

Abb. 6.1-15 Addierer
E1. vom nichtinvertierenden Verstärker (Abb. 6.1-13)
E2: von der Konstantspannungsquelle (Abb. 5.1-14
E3: von der Potentiometerschaltung (Abb. 6.1-16)
A2: zum Digitalvoltmeter, OP2: TL071

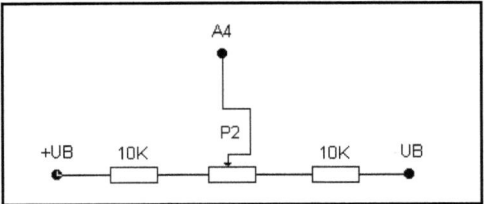

Abb. 6.1-16 Potentiometerschaltung
A4: zum Eingang E3 des Addieres (Abb. 6.1-14)
P2: 1 K-Ohm, 10-Gang

Zur Untersuchung der Funktionsweise der Schaltung kann die in Abb. 6.1-17 angegebene hochohmige, einstellbare Spannungsquelle an den Eingang gelegt werden.

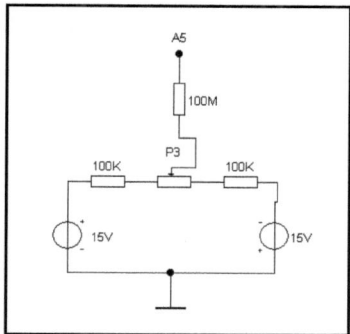

Abb. 6.1-17 Einstellbare hochohmige Spannungsquelle
A5 zum Eingang der Schaltung
P3:   10 K-Ohm, 10-Gang

6.2 Voltammetrie
6.2.1 Grundlagen

Unter Voltammetrie werden Messtechniken verstanden, bei denen Strom-Spannungs-Kurven (Voltammogramme) unter Anwendung einer unpolarisierbaren und einer polarisierbaren Elektrode (Arbeitselektrode) aufgenommen werden. Dabei wird der über die Arbeitselektrode fließende Strom in Abhängigkeit vom Potential der Arbeitselektrode aufgezeichnet. Aus dem Voltammogramm können sowohl qualitative als auch quantitative Informationen über die elektrochemischen Reaktionen an der Arbeitselektrode entnommen werden.

Alle Vorgänge, die an einer polarisierbaren Elektrode in einer stromdurchflossenen voltammetrischen Zelle ablaufen, werden vom Polarisationswiderstand bestimmt. Im Gegensatz zu einfachen physikalischen Widerständen zeigt der Polarisationswiderstand kein ohmsches Verhalten, d.h., dU/dI ist nicht konstant, sondern eine Funktion der Spannung. Er setzt sich im wesentlichen aus zwei Anteilen zusammen, die nachfolgend besprochen werden sollen. Hierzu soll die in Abb. 6.2-1 schematisch dargestellte Strom-Spannungs-Kurve dienen.

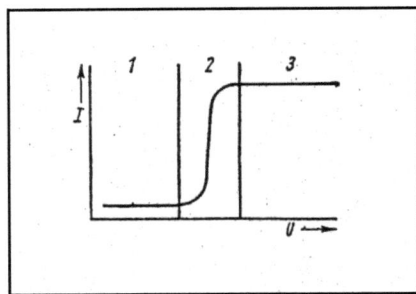

Abb. 6.2-1 Strom-Spannungs-Kurve

In Abschnitt 1 der Kurve ist die Elektrode polarisiert, d.h., sie nimmt ein von außen aufgezwungenes Elektrodenpotential ohne Änderung des Stromes an. Es wird dabei nur die von der Elektrode gebildete Doppelschicht aufgeladen. Das Elektrodenpotential hat noch nicht den für den Ablauf einer Reduktion oder Oxidation eines Depolarisators (Durchtrittsreaktion) erforderlichen Wert erreicht. Die Durchtrittsreaktion ist also eine wesentliche Voraussetzung für das Auftreten eines faradayschen Stromes. Im allgemeinen verlaufen Durchtrittsreaktionen sehr schnell. In den Fällen einer langsamen Durchtrittsreaktion verringert sich der faradaysche Strom.

Hat die polarisierbare Elektrode ein Elektrodenpotential erreicht, bei dem eine elektrochemische Reaktion stattfinden kann, wirkt dies einer weiteren Auflademng der Doppelschicht entgegen. Die zugeführte Ladungsmenge wird nun für die elektrochemische Reaktion verbraucht. Die Elektrode ist depolarisiert. Der Strom steigt nun durch einen Ladungsträgeraustausch an der Elektrodenoberfläche an (Abschnitt 2 der Strom-Spannungs- Kurve).

Ist die Geschwindigkeit der Diffusion geringer als die der Durchtrittsreaktion, dann reicht der Antransport der Ionen durch Diffusion nicht mehr aus, um den Strom weiter anwachsen zu lassen (Abschnitt 3 der Strom-Spannungs-Kurve).

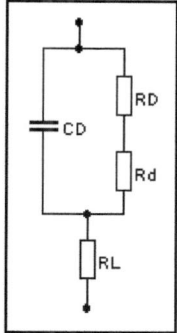

Abb. 6.2-2 Ersatzschaltbild einer voltammetrischen Zelle
CD: Doppelschichtkapazität, RD: Durchtrittswiderstand
Rd: Diffusionswiderstand ,RL: Elektrolytwiderstand

Durch solche Transportvorgänge wird immer eine Konzentrations- bzw. Diffusions- Überspannung hervorgerufen. Sie tritt dann auf, wenn bei stromdurchflossenen Elektroden die Oberflächenkonzentration von der Konzentration im Lösungsinnern abweicht. Abb. 6.2-2 zeigt das Ersatzschaltbild einer voltammetrischen Zelle.

6.2.2 Meßtechniken
DC-Voltammetrie

Abb. 6.2.3 zeigt das Prinzipschaltbild der DC-Voltammetrie.

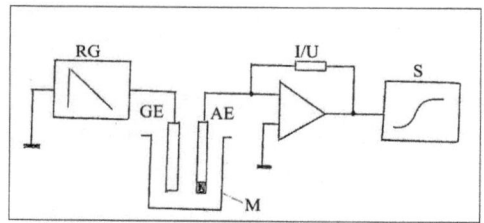

Abb. 6.2-3 Schema einer voltammetrischen Meßanordnung
RG : Rampengenerator, M : Meßzelle
I/U : Strom-Spannungs-Wandler
GE : Gegenelektrode, AE :Arbeitselektrode
S : x/t-Schreiber

Ein Rampengenerator RG liefert eine linear veränderliche Gleichspannung von +2V bis –2V, deren Anfangs- und Endwert innerhalb dieses Bereiches beliebig eingestellt werden kann. Die Gleichspannung wird an die Meßzelle M angelegt und durchläuft mit konstanter Geschwindigkeit den vorgewählten Spannungsbereich. Die Meßzelle besteht aus der polarisierbaren Arbeitselektrode AE und der nicht polarisierbaren Gegenelektrode GE, die beide in die Analysenlösung mit dem Depolarisator eintauchen. Erreicht die Spannung das Reduktions- oder Oxidationspotential des Depolarisators, fließt durch die Messzelle ein Strom, der mittels des Strom-Spannungs-Wandlers I/U in eine proportionale Spannung umgesetzt und mit dem Schreiber S in Abhängigkeit von der angelegten Spannung aufgezeichnet wird. Dabei erhält man eine Strom-Spannungs-Kurve, die im Falle von Festelektroden oder stationären Elektroden durch ein Strommaximum, bei einer rotierenden Elektrode oder einer tropfenden Quecksilberelektrode durch eine Stromstufe gekennzeichnet ist. Das Spitzenpotential bzw. der Wendepunkt der Strom-Spannungs-Kurve, die bei gleichen Potentialen liegen, sind für den jeweiligen Depolarisator charakteristische Größen (Halbstufenpotentiale).

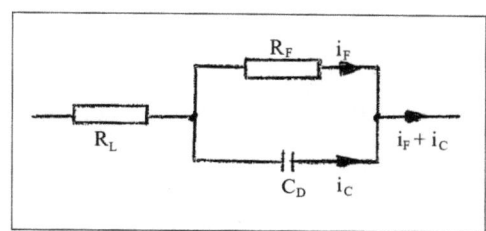

Abb. 6.2-4 Ströme in einer voltammetrischer Zelle
R_L: Ohmscher Widerstand (Zuleitungen, Gegenelektrode, Elektrolyt)
R_F: Faradayscher Widerstand
C_D : Doppelschichtkapazität
i_F : Faradayscher Strom
i_C : Kapazitiver Strom

Ein Maß für die Konzentration des Depolarisators in der Analysenlösung ist der Spitzenstrom bzw. der Diffusionsgrenzstrom.

Die bei der Aufnahme der Strom-Spannungs-Kurve (Voltammogramm) gemessene Stromstärke i besteht aus einer kapazitiven i_C und einer Faradayschen Stromkompomente i_F (Abb. 6.2-4)

$$I = I_C + I_F \qquad (6.2.1)$$

Die kapazitive Stromkomponente entsteht durch Aufladung der an der Phasengrenze der Arbeitselektrode gebildeten Doppelschichtkapazität. Maßgebend für den Bestimmungsvorgang ist aber nur die beim Ablauf des Elektrodenprozesses (Reduktion, Oxidation) an der Phasengrenze verursachte Faradaysche Strom-Komponente. Die Bestimmungsgrenze der DC-Voltammetrie wird deshalb nicht durch den apparativen Rauschpegel begrenzt, sondern durch die kapazitive Strom-Komponente. Sie ist dann erreicht, wenn der Faradaysche Strom gleich dem kapazitiven Strom ist ($i_F = i_C$). Dies ist bei einer Depolarisatorkonzentration von etwa 10^{-6} mol/L der Fall.

Der Ladestrom i_C der Doppelschichtkapazität, der infolge der Variation der angelegten Spannung oder der Elektrodenoberfläche (z.B. Tropfenwachstum der Tropfelektrode) entsteht, kann nicht vollständig durch eine elektronische Kompensation (z.B. lineare Gegenstromkompensation) beseitigt werden, da im Gegensatz zum einfachen Kondensator die Kapazität der elektrochemischen Doppelschicht selbst spannungsabhängig ist.

Staircase-Voltammetrie (STCV)

Bei dieser Methode wird die Strom-Spannungs-Kurve mit einer Spannung mit treppenförmiger Charakteristik aufgenommen, wobei der Strom jeweils nach einer Wartedauer von 10-20 ms nach dem treppenförmigen Anstieg der Spannung gemessen wird. Dadurch erreicht man, daß zum Messzeitpunkt der Ladestrom weitgehend abgeklungen ist, so daß das Messsignal vom kapazitiven Stromanteil befreit ist. Das Messprinzip ist in Abb. 6.2-5 dargestellt.

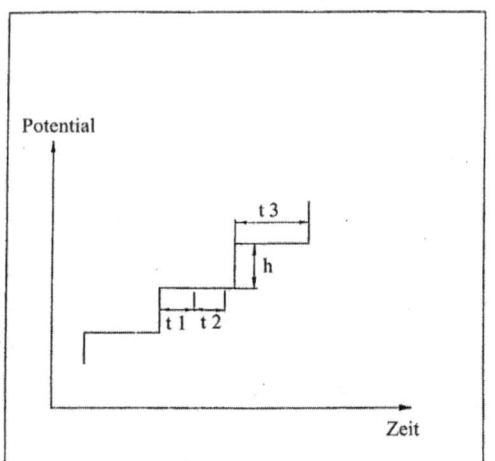

t_1 : *Verzögerungsdauer*
t_2 : *Meßdauer*
t_3 : *Stufenlänge*
h : *Stufenhöhe*

Abb. 6.2-5 Meßprinzip der Staircase-Voltammetrie

Der konzentrationsproportionale Peakstrom kann durch folgende Gleichung beschrieben werden:

$$i = \frac{\Delta E}{T} \cdot K \qquad (6.2.2)$$

Hierin bedeuten:

ΔE : Stufenhöhe der Treppenspannung (mV)
ΔE : T: Stufenlänge (ms), K: Konstante

Danach nimmt der Peakstrom proportional mit ΔE und 1/T zu, wobei ΔE nicht höher als 10 mV sein sollte, da sonst Probleme hinsichtlich der Peakauflösungen auftreten können.

Differentielle Pulsvoltammetrie (DPV)

Zur Ausschaltung des störenden Ladestroms werden bei der differentiellen Pulsvoltammetrie der linear ansteigenden Spannungsrampe Rechteckimpulse überlagert, wobei die Richtung der Pulsamplitude mit der Richtung der Gleichspannungsänderung übereinstimmt.

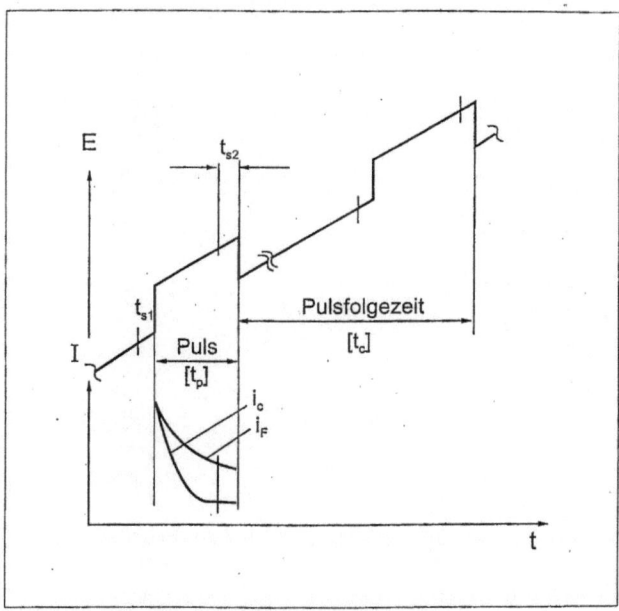

Abb. 6.2-6 Meßprinzip der differentiellen Pulsvoltammetrie
t_{S1} und t_{S2} : Meßintervalle, t_C: Pulsfolgezeit
I_C: Ladestrom, I_F: Faradayscher Strom

Durch die Pulsüberlagerung erhält man eine sprunghafte Erhöhung des Elektrodenpotentials E, was zu einer wesentlichen Erhöhung des Faradayschen Stroms i_F, aber auch zu einer Erhöhung des unerwünschten Ladestroms i_C führt.

Faradayscher Strom und Ladestrom klingen aber nach verschiedenen Zeitfunktionen ab, wie dies Abb. 6.2-6 veranschaulicht. Die Faradaysche Stromkomponente folgt einem Zeitgesetz:

$$\Delta i_F = \frac{k}{\sqrt{t}} = k \cdot t^{0,5} \qquad (6.2.3)$$

wenn der Strom ein reiner Diffusionsstrom ohne kinetische Hemmungen ist, bzw. der Ladungsdurchtritt allein durch den Diffusionsvorgang bestimmt wird.

Die Bedingung ist im allgemeinen bei reversiblen Elektrodenprozessen erfüllt. Der kapazitive Stromanteil hat zu einer beliebigen Zeit t innerhalb des Rechteckimpuls den Wert:

$$\Delta i_C = \Delta i_0 \cdot \exp(-\frac{t}{R_L \cdot C_D}) \qquad (6.2.4)$$

Hierin bedeuten:

Δi_C : Ladestrom

R_L : Elektrolytwiderstand

C_D : Doppelschichtkapazität

Entsprechend Gleichung 6.2.4 sinkt der Ladestrom schnell ab, wenn die Zeitkonstante R C klein gehalten wird. Nach einer Abklingzeit von

$$t = 5 \cdot R_L \cdot C_D \qquad (6.2.5)$$

ist der Ladestrom auf einen Wert von weniger als 1% abgesunken und damit vernachlässigbar. Führt man nun die Messung gegen Ende der Pulsdauer während der Zeitspanne t_{S2} durch, so ist der durch den Rechteckimpuls verursachte kapazitive Ladestrom i_C weitgehend abgeklungen und es kommt nur noch der Faradaysche Strom sowie der durch den linearen Spannungsanstieg verursachte Ladestrom zur Messung. Um auch den Ladestrom noch auszuschalten, wird zusätzlich der Strom unmittelbar vor der Pulsüberlagerung gemessen (t_{S1}). Durch Differenzbildung der beiden Ströme erhält man nur noch den Faradayschen Strom, der durch den Rechteckimpuls verursacht wird. Dadurch wird eine sehr effektive Eliminierung des kapazitiven Stromanteils erreicht, das Signal-Rausch-Verhältnis wird wesentlich verbessert und damit eine Empfindlichkeitssteigerung erreicht.

Square-Wave-Voltammetrie

Ähnlich wie die DPV arbeitet die Square-Wave-Voltammetrie. Die Spannungsrampe wird mit einer rechteckförmigen Wechselspannung kleiner Amplitude (<50 mV) und einer Frequenz von 10 bis 125 Hz überlagert. Die Strommessung erfolgt jeweils am Ende des positiven und negativen Pulses, wie in Abb. 6.2-7 veranschaulicht.

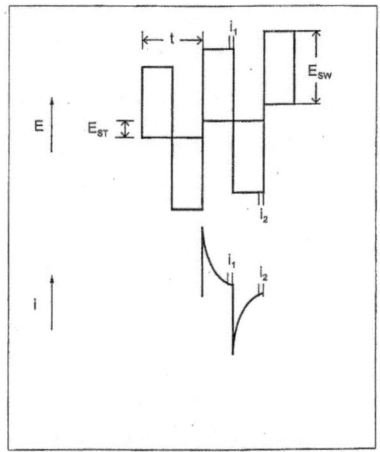

Abb. 6.2-7 Meßprinzip der Square-Wave Voltammetrie
  t :   Pulsfolgezeit
  E_{SW} :   Pulsamplitude
  i_1, i_2 : Meßintervalle

Die Differenz beider Messwerte wird gegen das Potential der Spannungsrampe aufgezeichnet. Wie bei der differentiellen Pulsvoltammetrie, wird auch hier zur Ausschaltung des kapazitiven Stromes das unterschiedliche Abklingverhalten von Faraday- und Kapazitätsstrom ausgenutzt. Wegen der realtiv hohen Pulsfrequenz ist die Aufnahme von Voltammogrammen mit einem Spannungsvorschub von bis zu 200 mV/s möglich. Die Aufnahmezeiten liegen somit in der Größenordnung von Sekunden. Dagegen erlaubt die DPV im allgemeinen nur 2-5 mV/s.

Inversvoltammetrie

Bei der Inversvoltammetrie werden vor dem eigentlichen Bestimmungsvorgang die zu untersuchenden Stoffe an oder in einer stationären Elektrode unter potentiostatischen Bedingungen angereichert.

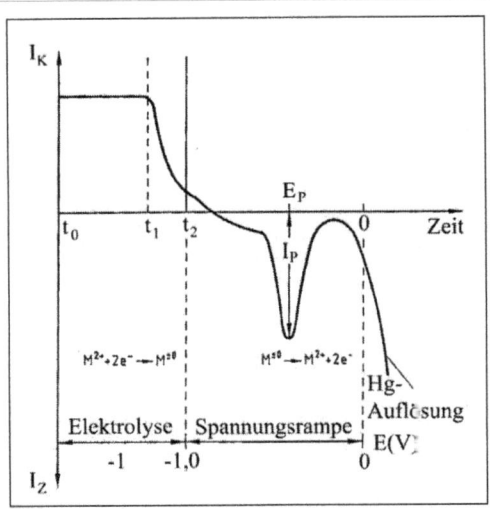

Abb. 6.2-8 Schematischer Verlauf eines inversvoltammetrischen Bestimmungsvorganges an einer Hg-Filmelektrode (Erläuterungen im Text)

Bei der Bestimmung von Schwermetallen wird das Elektrodenpotential dabei so gewählt, daß es um etwa 100-200 mV negativer ist als das Redoxpotential der anzureichernden Metallionen. Dabei läuft folgender Elektrodenprozeß ab:

$$Me^{n+} + ne^- \rightarrow Me$$

Zur Erhöhung der Massentransportrate und um reproduzierbare Diffusionsbedingungen zu erhalten, erfolgt die Anreicherungselektrolyse unter Rühren des Elektrolyten. Wegen der Abhängigkeit der Konzentration der abgeschiedenen Metalle von der Transportrate sind hierbei die Versuchsbedingungen sehr konstant zu halten. Die abgeschiedene Metallmenge ist dann im wesentlichen von der Konzentration der Metalle in der Lösung und der Elektrolysedauer abhängig. Ein besonderer Vorteil der elektrolytischen Anreicherung ist die Möglichkeit, durch geeignete Wahl des Elektrodenpotentials Trennungen von störenden Substanzen während der Anreicherungselektrolyse durchzuführen. Durch die Anreicherungselektrolyse erhält man bei der Verwendung einer stationären Quecksilberelektrode im Quecksilber eine 100- bis 1000-fach höhere Metallkonzentration als in der ursprünglichen Lösung. Nach Ablauf der Elektrolyse erfolgt der eigentliche Bestimmungsvorgang durch anodische Auflösung der auf der Elektrode abgeschiedenen Elemente unter Aufnahme einer Strom-Spannungs-Kurve bei linear veränderlichem Potential.

Dabei werden unter Abgabe von Elektronen die vorher abgeschiedenen Metalle reoxidiert und wieder gelöst.

Der Verlauf eines inversvoltammetrischen Bestimmungsvorganges an einer Hg-Filmelektrode ist in Abb. 6.2-8 dargestellt. Zum Zeitpunkt t_0 wird das Anreicherungspotential an die Arbeitselektrode angelegt und damit beginnt die elektrolytische Abscheidung des Metalles M^{2+} an der Arbeitselektrode. Nach Ablauf der Anreicherungsdauer t_1 wird der Rührer abgeschaltet und es folgt eine Ruhephase bis zum Zeitpunkt t_2. Dadurch, daß nun keine Elektrolytbewegung mehr stattfindet, fällt der kathodische Reduktionsstrom bis auf einen kleinen Restbetrag ab. Die Aufnahme der Strom-Spannungs-Kurve wird mit dem Spannungsvorschub in anodischer Richtung gestartet. Solange die Elektrode vollständig polarisiert ist, fließt nur ein geringer Reststrom. Erreicht die Elekrode einen Spannungswert, bei dem ein elektrochemischer Prozeß mit Ladungsdurchtritt stattfinden kann, steigt der Strom (I_p) exponentiell bis zu einem Strommaximum an, um danach mit etwa gleicher Geschwindigkeit bis auf den Grundstrom wieder abzufallen. Die Höhe des Peakmaximums ist von der Konzentration des Metalles im Quecksilber abhängig. Hat das Potential der Elektrode den Wert „0" erreicht, beginnt die Auflösung des Quecksilbers, die mit einem starken Stromanstieg verbunden ist.

Wechselstrompolarographie (ACP)

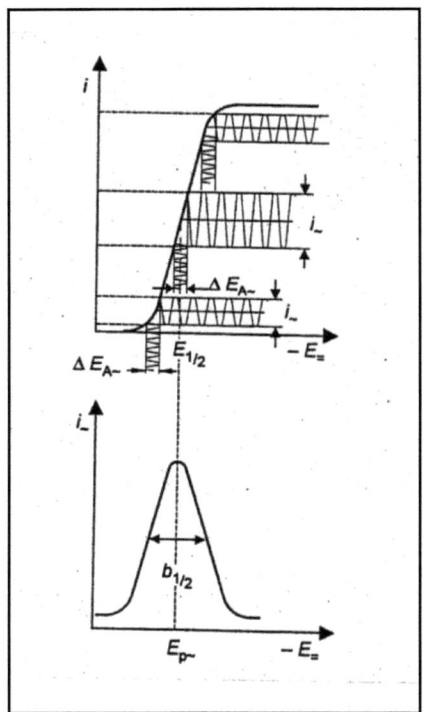

Abb. 6.2-9 Prinzip der Wechselstrompolarographie EA Amplitude der überlagerten Wechselspannung, i : Wechselstrom, Ep Wechselstrompeak

Bei der Wechselstrompolarographie wird der linear ansteigenden Gleichspannung eine sinusförmige Wechselspannung kleiner Amplitude (5-30 mV) überlagert und die Faradaysche Wechselstromkomponente nach Gleichrichtung in Abhängigkeit von der anliegenden Gleichspannung registriert.
Dabei erhält man glockenförmige Kurven, deren Spitzenstrom der Depolarisatorkonzentration in der jeweiligen Lösung proportional ist. Eine wichtige Voraussetzung für das Entstehen eines Wechselstrompolarogrammes ist die weitgehende Reversibilität der Elektro-

denreaktion, da eine starke Abhängigkeit von den kinetischen Parametern besteht. Mit wachsender Irreversibilität nimmt die Peakhöhe stark ab. Im Gegensatz dazu ist bei der Gleichstrompolarographie die Stufenhöhe vom Reversibilitätsgrad unabhängig. Auch die Empfindlichkeit ist geringer als bei der Gleichstrompolarographie. Bei Depolarisatorkonzentrationen $< 5 \cdot 10^{-5}$ m unterscheidet sich das Nutzsignal kaum noch vom Grundstrom

Ein weiterer Nachteil der Methode ist auch die Tatsache, dass der Ohmsche Widerstand des polarographischen Messkreises das Polarogramm ganz wesentlich beeinflußt. Für die Spurenanalytik hat die Wechselstrompolarographie heute keine Bedeutung mehr. Hingegen findet sie für Untersuchungen über kinetische Parameter (Geschwindigkeitskonstante und Durchtrittsfaktor) schneller Durchtrittsreaktionen noch Anwendung. Interessant ist auch die Tatsache, daß die Wechselstrompolarographie nicht nur auf Vorgänge an Elektroden, die mit einer Durchtrittsreaktion verbunden sind, anspricht, sondern auch auf Ad- und Desorptionsprozesse. Solche Elektrodenvorgänge führen zu kapazitiven Strömen, den sog. Tensammetrischen Spitzen (Tensammetrie). Wechselstrompolarographische Techniken sind deshalb auch gegen grenzflächenaktive Stoffe empfindlicher als die Gleichstrompolarographie. Abb. 6.2-9 zeigt das Prinzip der Wechselstrompolarographie.

Cyclische Voltammetrie

Während bei der Voltammetrie die Aufnahme von Strom-Spannungs-Kurven in kathodischer oder anodischer Spannungsrichtung erfolgt, wird bei der cyclischen Voltammetrie die I-U-Kurve sowohl in kathodischer als auch in anodischer Richtung aufgenommen. Hierzu wird eine dreieckförmige Spannung (Abb. 6.2-10) der Arbeitselektrode aufgeprägt und das resultierende Strom-Spannungs-Diagramm aufgezeichnet. Dazu arbeitet man mit einer Drei-Elektrodenanordnung wie sie auch in der Voltammetrie Anwendung findet. Die Potentialvorschubgeschwindigkeit beträgt üblicherweise 1mV/s bis 1V/s. Abb. 6.2-11 zeigt ein typisches Cyclovoltammogramm eines reversiblen Redoxsystems mit einem kathodischen und anodischen Peak. Die Peakform der Kurve ist typisch für Strom-Spannungs-Kurven unter nichtstationären Diffusionsbedingungen. Die Lage des Peakmaximums ist substanzspezifisch, die Peakhöhe konzentrationsproportional.

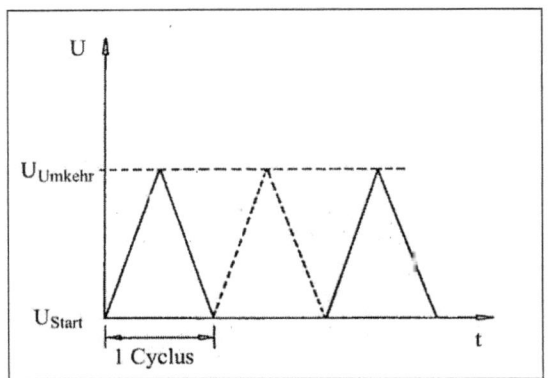

Abb. 6.2-10 Spannungsverlauf bei der cyclischen Voltammetrie

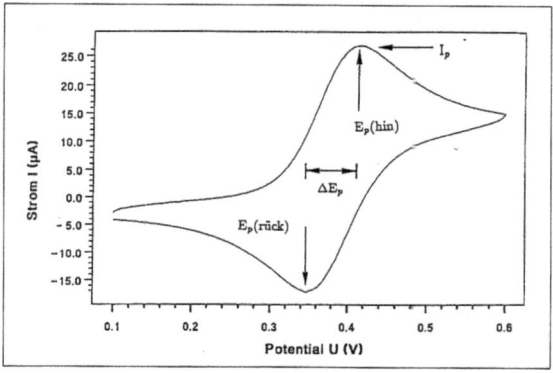

Abb. 6.2-11 Cyclovoltammogramm eines reversiblen Redoxsystems

6.2.3 Schaltungen für die Voltammetrie
6.2.3.1 Einfachste Meßanordnung zur Aufnahme von Strom-Spannungs-Kurven

Die einfachste Meßanordnung zur Aufnahme von Strom- Spannungs-Kurven ist in Abb. 6.2-12 dargestellt.

Der mit dem Operationsverstärker OP1 aufgebaute invertierende Integrator liefert den erforderlichen linearen Spannungsvorschub, der mit dem Stufenschalter ST1 in sechs Stufen (2 bis 100 mV/s) eingestellt werden kann.

Der Schalter S3 ermöglicht es, die zeitliche Spannungsänderung in positiver als auch in negativer Richtung ablaufen zu lassen. Der Integrationsvorgang (Spannungsvorschub) wird durch Öffnen des Schalters S1 ausgelöst.

. Der Ausgang des Integrators führt über einen Spannungsteiler zu einem Eingang des Summierers (OP2). Dort wird die Spannungsrampe mit der mit dem Potentiometer P einstellbaren Startspannung überlagert und an die Meßzelle angelegt.

Das Potential der Arbeitselektrode wird einem Elektrometerverstärker (OP4) mit einem Eingangswiderstand von $> 10^{12}$ Ohm zugeführt und kann am Digitalvoltmeter (DVM) abgelesen werden.

Der Strom-Spannungs-Wandler (OP3) setzt den über der Meßzelle fließenden Strom in eine proportionale Spannung um, die am Ausgang A niederohmig zur Verfügung steht.

Die Verstärkung des Strom-Spannungs-Wandlers läßt sich mit dem Stufenschalter ST2 durch Verändern des Rückkopplungswiderstandes in vier Stufen (0,1 bis 1 V/uA) einstellen. Mit dem Schalter S2 kann der Spannungsvorschub angehalten werden, um erforderlichenfalls eine Umschaltung der Verstärkung vornehmen zu können.

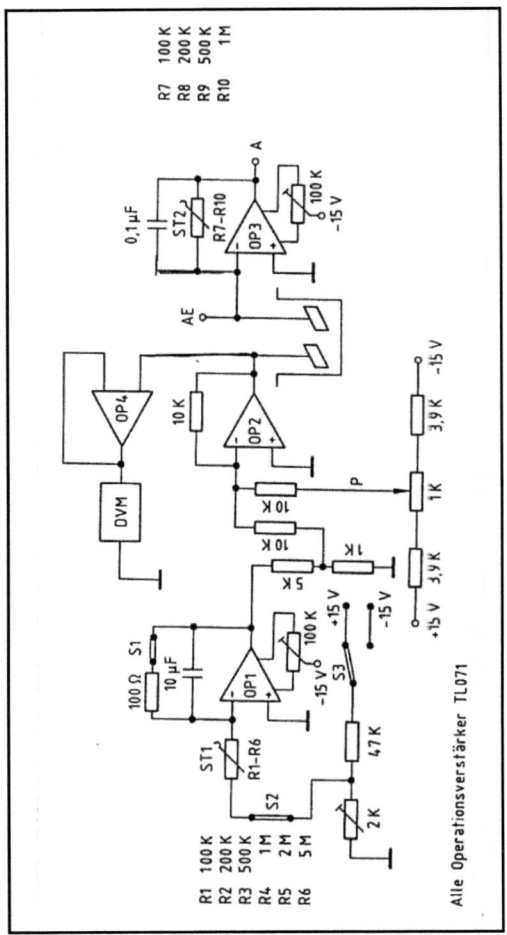

Abb. 6.2-12 Einfachste Meßanordnung zur Aufnahme von Strom-Spannungs-Kurven

6.2.3.2 Meßanordnung mit potentiostatischer Kontrolle des Potentials der Arbeitselektrode

Abb. 6.2-13 zeigt das Schaltbild einer Messanordnung für die DC-Invers-Voltammetrie, die eine potentiostatische Arbeitsweise ermöglicht und mit einer Grundstromkompensation ausgestattet ist. Die lineare Spannungsrampe wird von einem Integrator (OP1) erzeugt, der schon im vorigen Abschnitt beschrieben wurde.

Der Potentiostat ist mit den Operationsverstärkern OP2 und OP3 aufgebaut. Der Operationsverstärker OP3 ist als Impedanzwandler geschaltet. Sein Eingangswiderstand ist so hochohmig, dass das Potential der Abeitselektrode AE praktisch stromlos gemessen wird. Dadurch wird auch bei Elektrolyten mit geringer Leitfähigkeit unabhängig vom Stromfluß durch die Messanordnung das Potential der Arbeitselektrode nicht durch einen störenden Spannungsabfall (I R) verfälscht. Der Potentiostat regelt das Potential zwischen dem Ort der Referenzelektrode RE und „Masse"; der Spannungsabfall zwischen Referenzelektrode und Arbeitselektrode besteht aber weiterhin. Er ist jedoch nur bei Lösungen mit sehr geringer Leitfähigkeit von Bedeutung. Die lineare Spannungsrampe wird im Summierer OP2 des Potentiostaten mit der mit dem Potentiometer P1 eingestellten Startspannung überlagert und über die Gegenelektrode GE an die Messanordnung angelegt.

Der über die Messanordnung fließende Strom wird – wie schon beschrieben – mittels des Strom-Spannungs-Wandlers (OP4) in eine proportionale Spannung umgesetzt und dann dem Summierer OP6 zugeführt, der zur Grundstromkompensation und zur Nullpunkteinstellung dient.

Zur Kompensation des linearen Anteils des Grundstromes kann an einen Eingang des Summierers eine mit dem Potentiometer P2 einstellbare, vom Integrator gelieferte lineare veränderte Spannung angelegt werden, deren Richtung mittels des Inverters OP5 und des Schalters S4 gewählt werden kann. An einem weiteren Eingang des Summierers liegt eine mit dem Potentiometer P3 einstellbare Spannung zur Nullpunkteinstellung. Die Ausgangsspannung wird einem Tiefpaß (OP7) mit einstellbarer Zeitkonstante zugeführt.

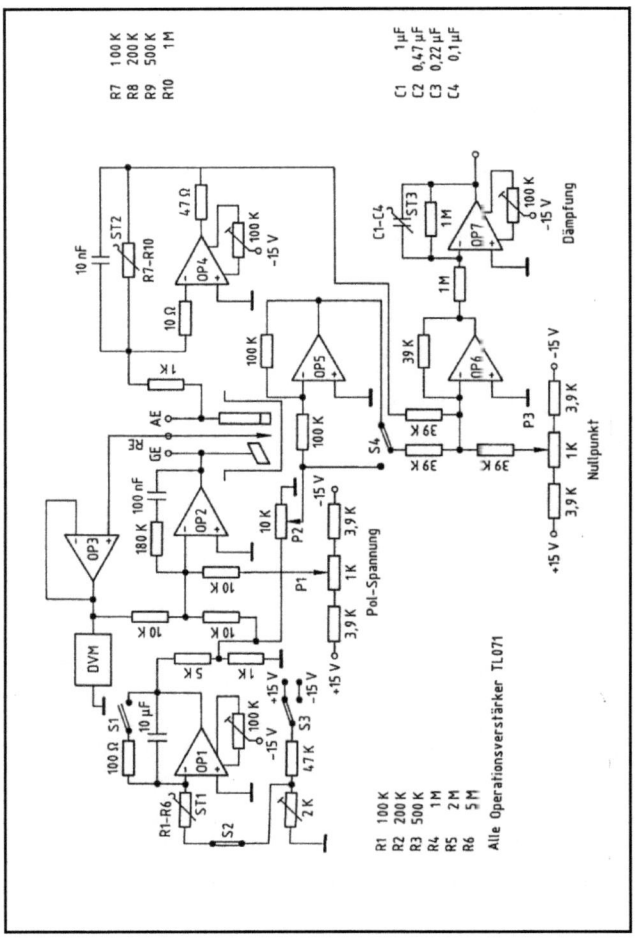

Abb. 6.2-13 Meßanordnung mit potentiostatischer Kontrolle des Potentials der Arbeitselektrode

Abb. 6.2-14 Zeigt ein Voltammogramm, das mit der oben angegebenen Messanordnung aufgenommen wurde.

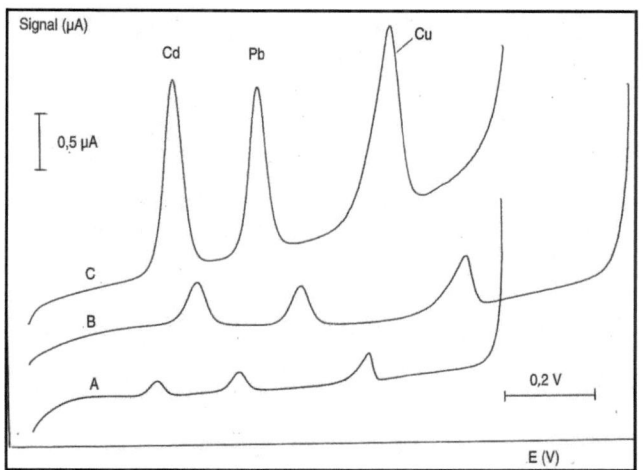

Abb. 6.2-14 Einfluß der SWEEP-Geschwindigkeit auf das Analysensignal
Meßtechnjk: Inversvoltammetrie
Elektrolyt: KCl-NaAc-Lsg.(0,15/0,05 Mol/L), 10 ppm Hg^{2+}, je 20 ppb Cd, Pb, Cu, Anreicherungsdauer: 300s, A: 2,5 mV/s, B: 5,0 mV/s, C: 25 mV/s

6.2.3.3 Aufbau einer einfachen Meßanordnung in Modultechnik zur Aufnahme von Strom- Spannungs-Kurven

Abb. 6.2-15 zeigt das Schaltbild der Messanordnung zur Aufnahme von Strom-Spannungs-Kurven.

Der mit dem Operationsverstärker OP1 aufgebaute Integrator erzeugt eine lineare Spannungsrampe. Am Eingang des Integrators liegt eine umschaltbare Spannungsquelle (S1), die es ermöglicht, die Spannungsrampe in kathodischer als auch in anodischer Richtung ablaufen zu lassen .

Der Ausgang des Integrators führt über einen Spannungsteiler zu einem Eingang (E1) des Potentiostaten (OP2, OP3) ein weiterer Eingang des Potentiostaten ist mit einem Spannungsteiler (P2) verbunden, mit dem die Startspannung der Spannungsrampe eingestellt werden kann. Der über die Meßzelle flließende Strom wird mit dem Strom-Spannungs-Wandler (OP4) in eine entsprechende Spannung umgesetzt und dann dem Addierer (OP6) zugeführt.

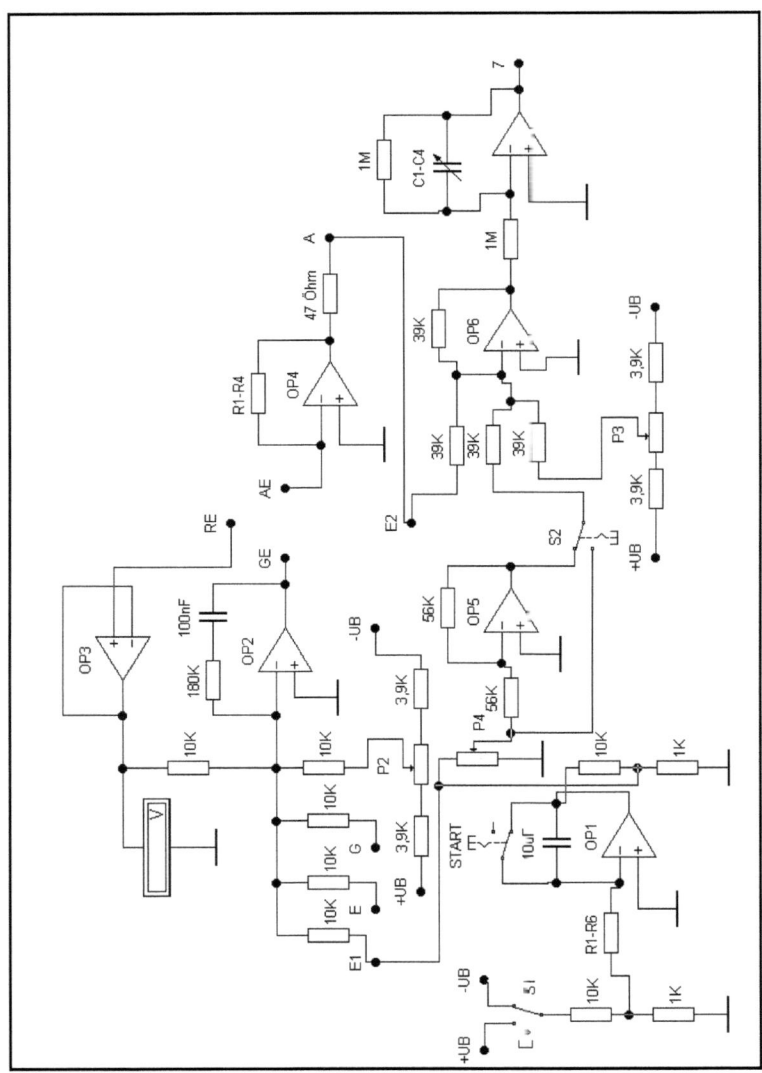

Abb. 6.2-15 Meßanordnung zur Aufnahme von Strom-Spannungs-Kurven

Mit dem Potentiometer P3 kann der Nullpunkt eingestellt werden.
Zur Kompensation des linearen Anteils des Grundstroms wird die Ausgangsspannung des Integrators über ein Potentiometer (P4) und danach über einen Schalter (S2) und Inverter (OP5) ebenfalls in die Schaltung der Grundstrom-Kompensation eingespeist. Mit dem Schalter kann die Polarität der Kompensationsspannung eingestellt werden.
Zur Aufzeichnung der Strom-Spannungs-Kurve wird die Ausgangsspannung der Grundstrom-Kompensation über einen Tiefpaß (OP7) einem Registriergerät zugeführt.

Module für den Aufbau der Versuchsschaltung:

- Integrator (Abbb. 6.1-16)
- Potentiostat Abb. 6.1-17)
- Strom-Spannungs-Wandler (Abb. 6.1-18)
- Grundstromkompensation (Abb. 6.1-19)
- Tiefpaß (Abb. 6.1-20)

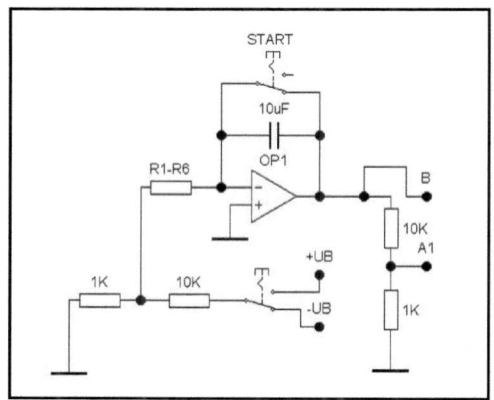

Abb. 6.2-16 Integrator
A 1: zum Eingang E1 des Potentiostaten (Abb. 6.2-17)
S: Umpolung der Spannungsrampe, OP1: BB3527
R1: 10K, R2: 100K, R3: 1,5 M, R4: 3,2M, R5: 6,8 M,
R6: 15M

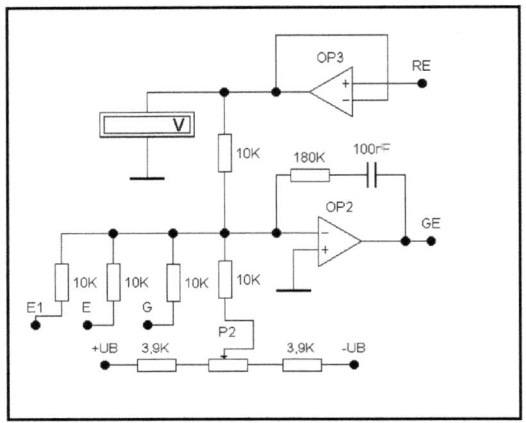

Abb. 6.2-17 Potentiostat
E1: vom Ausgang A1 bzw. B des Integrators (Abb. 6.2-16)
RE. Referenzelektode, GE: Gegenelektrode
OP2: 741, OP3: TL071,

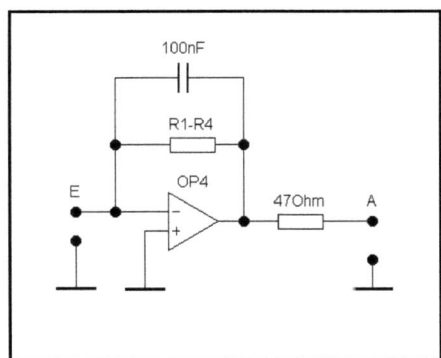

Abb. 6.2-18 I-U-Wandler
E: Anschluß der Arbeitselektrode
A: zum Eingang E1 der Grundstromkompensation (Abb. 6.2 –19)
OP4: BB3527, R1: 100K, R2: 200K, R3: 500K, R4: 1M

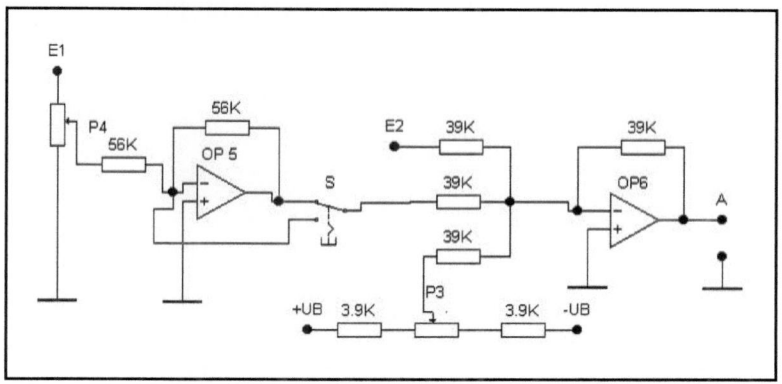

Abb. 6.2-19 Grundstromkompensation
E1: vom Ausgang A des Integrators (Abb. 6.2-16)
E2: vom Strom-Spannungs-Wandler (Abb. 6.2-18)
A: zum Eingang E des Tiefpasses (Abb. 6.2-20)
P3: 1K, 10-Gang (Nullpunkteinstellung), OP5: TL071
P4: 10K, 10-Gang

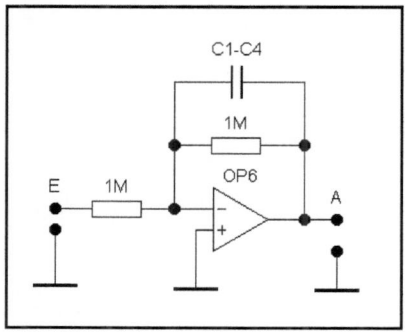

Abb. 6.2-20 Tiefpaß
E: vom Ausgang A des Addierers (Abb. 6.2-19)
A: zum Registriergerät
C1: 1uF, C2: 0,47uF, C3: 0,22uF, C4: 0,10uF

6.2.3.4 Meßanordnung für die cyclische Voltammetrie in Modultechnik

Abb. 6.2-21 zeigt Schaltbild zur Aufnahme von Cyclovoltammogrammen

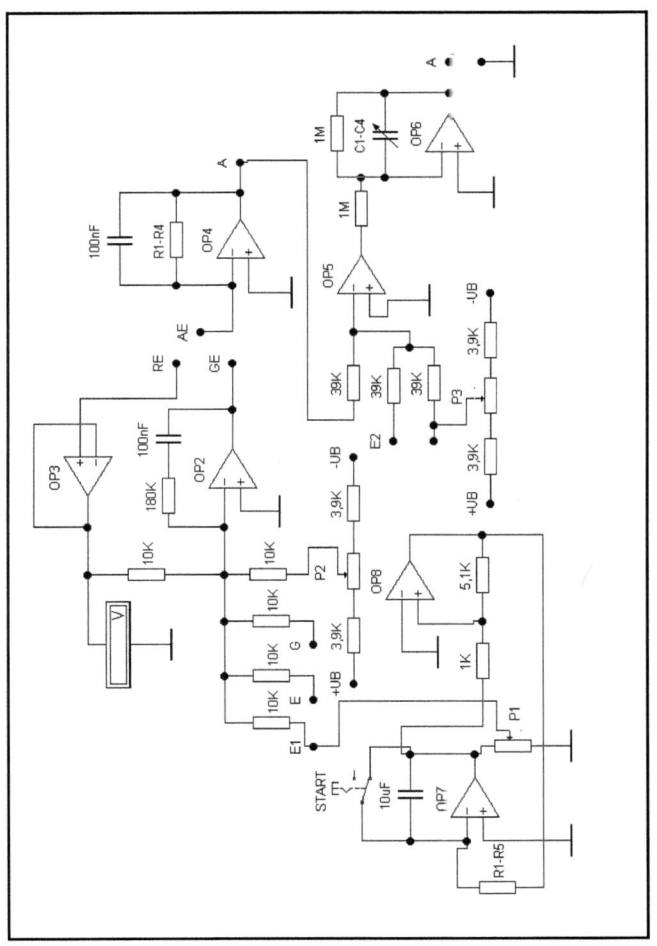

Abb. 6.2-21 Meßanordnung zur cyclischen Voltammetrie

Der Ausgang des Dreieck-Rechteck-Generators (OP7, OP8) führt über ein Potentiometer (P1) zu einem Eingang (E1) eines Potentiostaten (OP2, OP3). Ein weiterer Eingang des Potentiostaten ist mit einem Spannungsteiler (P2) verbunden, mit dem die Startspannung der Spannungsrampe eingestellt werden kann. Der über die Meßzelle flließende Strom wird mit dem Strom-Spannungs-Wandler (OP4) in eine entsprechende Spannung umgesetzt und dann dem Addierer (OP6) zugeführt. Mit dem Potentiometer P3 kann der Nullpunkt eingestellt werden.
Strom-Spannungs-Kurve kann am Ausgang des Tiefpasses (OP6) registriert werden.
 Die Module für den Aufbau der Schaltung mit den erforderlichen

Schaltungsmodule für den Versuchsaufbau:

- Dreieck-Rechteck-Generator (Abb. 6.3-22)
- Potentiostat (Abb. 6.3-23)
- Strom- Spannungs-Wandler (Abb. 6.3-24)
- Addierer (Abb. 6.3-25)
- Tiefpaß (Abb. 6.3-26)

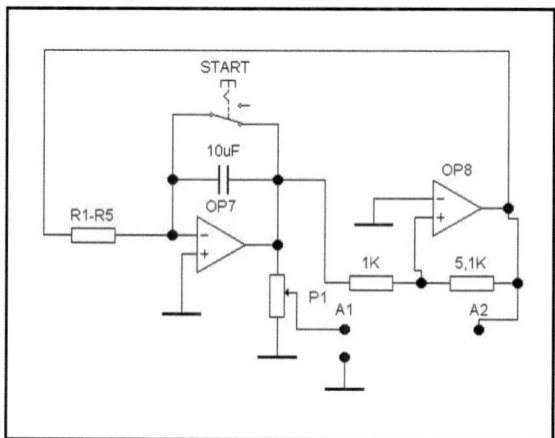

Abb. 6.2-22 Dreieck-Rechteck-Generator
A1: zum Eingang E1 des Potentiostaten (Abb. 6.2-23)
P1: Einstellen der Dreieck-Spannung

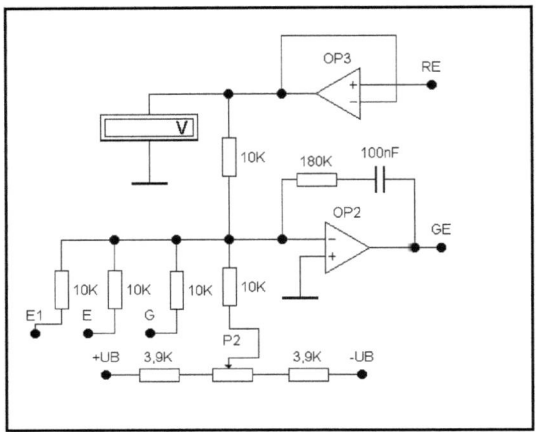

Abb. 6.2-23 Potentiostat
E1: vom Ausgang A1 des Dreieck-Generators (Abb. 6.2-22)
RE. Referenzelektode, GE: Gegenelektrode
OP2:741, OP3:TL071
P2: Startspannung, 1K, 10-Gang

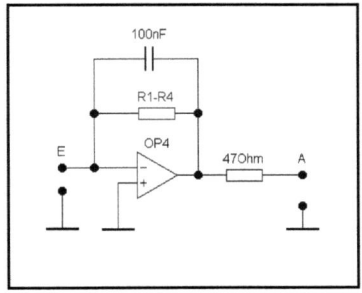

Abb. 6.2-24 I-U-Wandler
E: Anschluß der Arbeitselektrode
A: zum Eingang E1 des Addierers (Abb. 6.2-25)
OP4: BB3527, R1: 100K, R2: 200K, R3: 500K, R4: 1M

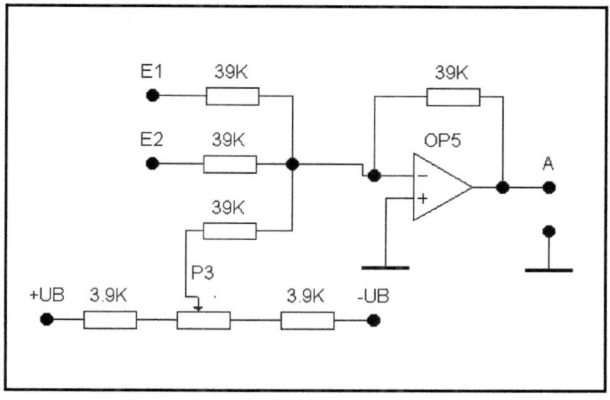

Abb. 6.2-25 Addierer
E1: vom Ausgang A des Strom-Spannungs-Wandlers (Abb. 6.2-24)
A: zum Eingang E des Tiefpasses (Abb .6.2-26)
P3: 1K, 10-Gang (Nullpunkteinstellung), OP5: TL071

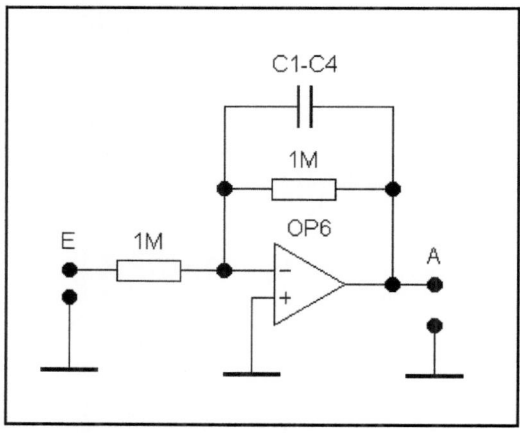

Abb. 6.2-26 Tiefpaß
E: vom Ausgang A des Addierers (Abb. 6.2-25)
A: zum Registriergerät, C1-C4: Dämpfung

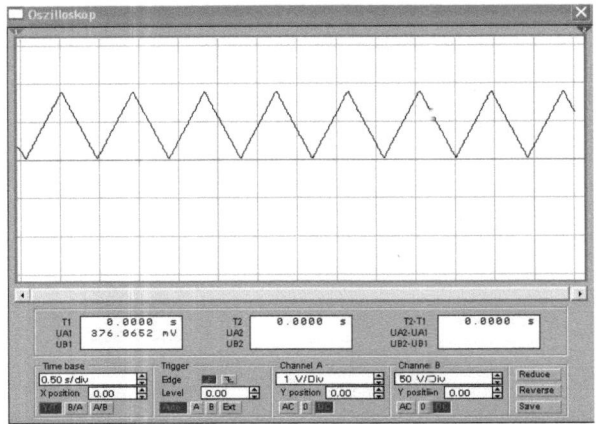

Abb. 6.2-27 Spannungsverlauf

Abb. 6.2-27 zeigt den Spannungsverlauf am Ausgang des Dreieck-Generators.

6.2.3.5 Meßanordnung für die Staircase-Inversvoltammetrie in Modultechnik

Schaltungsmodule für den Aufbau der Versuchsschaltung

- Treppenspannungs-Generator (Abb. 6.2-29)
- Potentiostat (Abb. 6.2-31)
- Strom-Spannungs-Wandler (6.2-32)
- Meßwertspeicher (Abb. 6.2-33)
- Steuerlogik ((Abb. 6.2-34)
- Grundstromkompensation (Abb. 6.2-36)
- Rechteckgenerator (Abb. 6.2-37)
- Tiefpaß (Abb. 6.2-38)

Das Schaltbild (Abb. 6.2-28) zeigt den Analogteil der Meßanordnung. Die vom Treppenspannungs-Generator (Abb. 6.2-29) gelieferte Polarisationsspannung wird einem Eingang (E1) des Potentiostaten (Abb. 6.2-31) zugeführt und dort mit dem Potentiometer P2 einstellbaren Elektrolyse- und Startspannung überlagert. Der Treppenstufen-Generator wird über den Schalter „START" gestartet

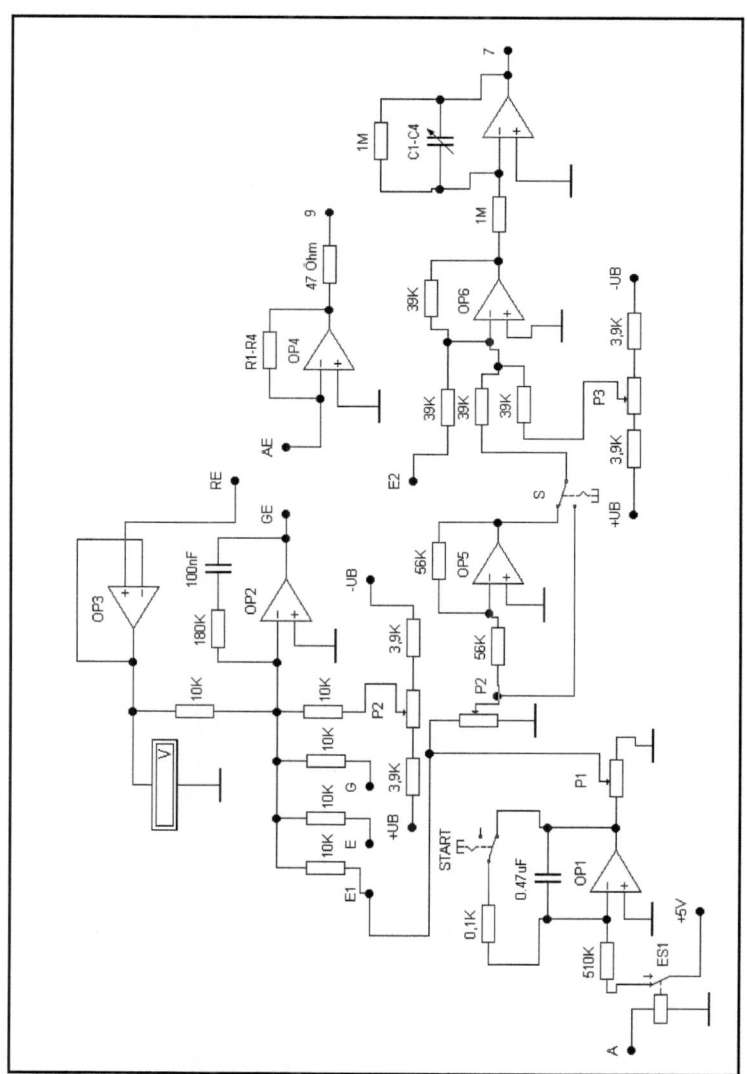

Abb. 6.2-28 Schaltung des Analogteils der Messanordnung

Legende zu Abb. 6.2-28
A :   Vom Ausgang der Steuerlogik, 9 : Zum Messwertspeicher
E2 : Vom Ausgang des Messwertspeichers
P1 : Rechteckspannung , P2 : Startspannung
P3 : Nullpunkt, P4 : Grundstromkompensation

Der elektronische Schalter ES1 des Generators wird dabei periodisch für 1,9 ms geschlossen. Die an dem Schalter anliegende stabilisierte Spannung von 5 V lädt dabei den Kondensator des Integrators (OP1) auf, so daß sich ein treppenförmiger Spannungsanstieg ergibt, wie dies Abb. 6.2-30 zeigt.

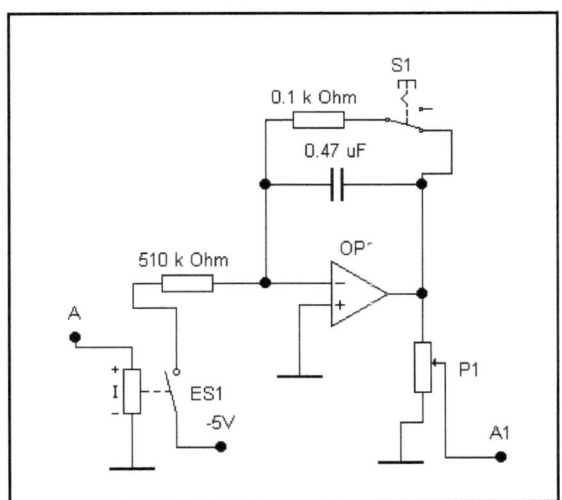

Abb. 6.2-29 Treppenspannungs-Generator
OP1: TL071, ES1: ¼ CA 4066, S1 Start / Stopp
A1: zum Potentiostaten (vgl. Abb.6 2-31)
A: vom Ausgang der Steuerlogik (vgl. Abb.6.2-34)
P1: Treppenspannungshöhe

Durch Umpolen der Eingangsspannung des Generators kann die Spannungsrampe sowohl in kathodischer als auch in anodischer Richtung durchfahren werden. Die Stufenlänge der Treppenspannung wird durch die am Recheckgenerator (Abb. 6.2-37) einstellbare Frequenz festgelegt

Abb. 6.2-31 zeigt die Schaltung des Potentiostaten, der in der Meßanordnung Anwendung findet.

Die Aufgabe des Potentiostaten besteht darin, den Spannungsabfall an der Arbeitselektrode unabhängig vom Stromfluß über die Messzelle auf einem mit dem Potentiometer P2 eingestellten Wert zu halten. Dies geschieht auf folgende Weise: Die Spannung an der Arbeitselektrode wird mittels des Elektrometerverstärkers (Impedanzwandler) OP3 stromlos gemessen.

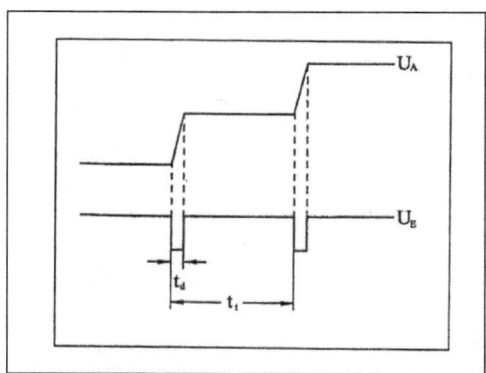

Abb. 6.2-30 Spannungsverlauf beim Treppenspannungs-Generator
t_d : Pulsdauer t_f Pulsfolge

Der Operationsverstärker OP2 ist so geschaltet, daß er stets einen Stromfluß über die Arbeitelektrode erzwingt, bis der Spannungsabfall an RE genau umgekehrt gleich der angelegten Spannung ist. Dies wird dadurch erreicht, daß sich am invertierenden Eingang des Operationsverstärkers OP2 immer automatisch und verzögerungsfrei nahezu Null-Potential gegen Masse einstellt. Wird nun U_{Soll} geändert, so verändert sich auch mit entgegengesetztem Vorzeichen der Spannungsabfall an Re.

Der über die Messzelle fließende Strom wird mittels des Strom-

Spannungs-Wandlers (Abb. 6.2-32) in eine proportionale Spannung umgewandelt und dem Meßwertspeicher (Abb. 6.2-33) zugeführt. Der Messwertspeicher wird dabei über die Steuerlogik (Abb. 6.2-34) so gesteuert, daß die Messung des über die Meßzelle fließenden Stromes erst jeweils 10 ms nach dem Treppenspannungsanstieg erfolgt.

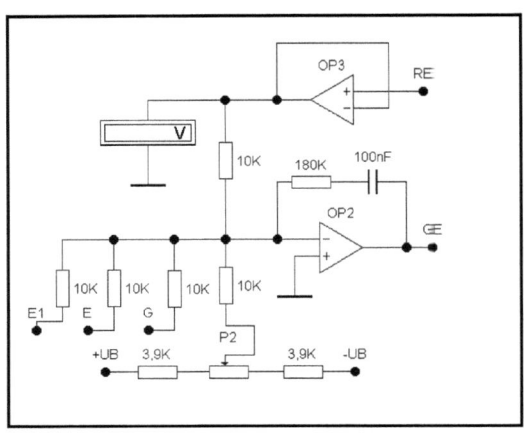

Abb. 6.2-31 Potentiostat
OP2: 741, OP3: TL071
E1 vom Treppenspannungsgenerator (Abb. 6.2-29)
RE: Referenzelektrode, GE: Gegenelektrode
P2: Startspannung

Registriert wird der so gemessene Zellstrom in Abhängigkeit von der anliegenden Polarisationsspannung. Der Verstärkungsgrad des Strom-Spannungs-Wandlers läßt sich durch Verändern des Rückkopplungswiderstandes in 4 Stufen einstellen.
Bei der Auswahl des Operationsverstärkers für den Strom-Spannungs-Wandler ist zu beachten, daß der Eingangsstrom Io des Operationsverstärkers klein gegenüber dem Zellstrom Iz sein muß, da Io ebenso wie Iz über den Rückkopplungswiderstand fließt und dort in eine entsprechende Ausgangsspannung umgesetzt wird.
Berücksichtigt man, daß noch Ströme im nA-Bereich gemessen werden

sollen, ergibt sich die Forderung, daß der Eingangsstrom mindestens zwei Größenordnungen niedriger sein muß als der zu messende Strom. Es kommen deshalb nur Operationsverstärker mit FET-Eingang in Frage, deren Eingangsströme im pA-Bereich liegen.

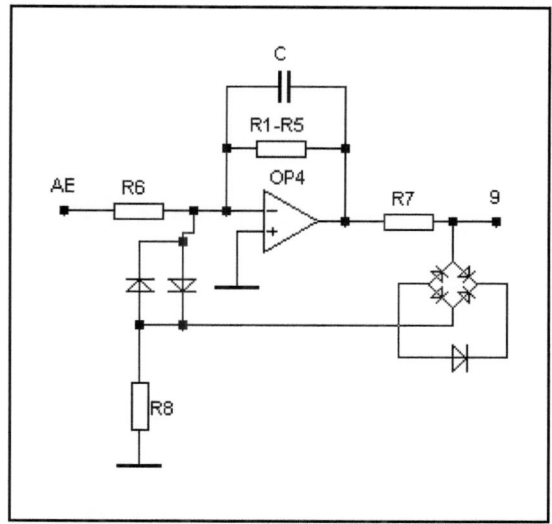

Abb. 6.2-32 Strom-Spannungs-Wandler
R6: 1,5 KOhm; R7: 47 Ohm; R8: 500 Ohm; C: 10 nF
R1-R5:Umschaltbare Widerstände, OP4: BB3527;
Alle Dioden Silizium-Universaldioden,
AE: Arbeitselektrode
9: zum Messwertspeicher (Abb. 6.2-33)
(Trimmpotentiometer für Offsetabgleich nicht eingezeichnet)

Besondere Aufmerksamkeit ist der Offsetspannung zu widmen. Eine Offsetspannung führt- wie schon in Abschn. 3.2 beschrieben- zu einer Parallelverschiebung der Übertragungskennlinie um den Betrag der Offsetspannung. Dies führt wiederum dazu, dass die analytische Kalibrierkurve nicht durch den Kordinaten-Nullpunkt läuft. Bei Anwendung der Standardaddition führt das zu einem systematischen Fehler.
Durch die pulsförmige Ansteuerung des Strom-Spannungs-Wandlers über die Meßzelle, die wie ein Differenzierglied wirkt, kann der

Operationsverstärker übersteuert werden. Durch solche Übersteuerungen können bei Operationsverstärkern Sättigungserscheinungen auftreten, so daß erst nach einer Erholzeit des Verstärkers dieser wieder sein normales Verhalten zeigt. Zur Vermeidung solcher Übersteuerungen ist der Ausgang des Strom-Spannungs-Wandlers mit einer Diodenbrücke beschaltet.
Abb. 6.2-33 zeigt die Schaltung des Messwertspeichers, der in der Meßanordnung Anwendung findet.

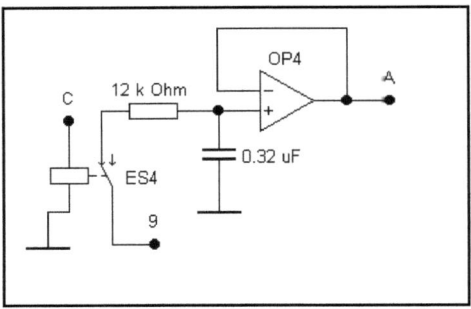

Abb. 6.2-33 Meßwertspeicher
C: von der Steuerlogik (Abb. 5.2-34)
9 vom Strom-Spannungs-Wandler (Abb. 6.2-32)
A: zur Grundstromkompensation (Abb .6.2-36
ES4:Reed-Relais, OP4: TL071
(Offsetabgleich nicht eingezeichnet)

Die Steuerlogik (Abb. 6.2-34), die mit dem Rechteckgenerator (Abb. 6.2-37) betrieben wird, steuert sowohl den Treppenspannungs-Generator als auch den Meßwertspeicher. Beim Rechteckgenerator ist der Wechselstromkreis durch einen Optokoppler vom übrigen Stromkreis galvanisch getrennt. Der dem Optokoppler folgende Schmitt-Trigger liefert am Ausgang Rechteckimpulse, die einer Zählstufe zugeführt werden. Über den Stufenschalter S kann die Pulsfrequenz in 4 Stufen eingestellt werden. Die vom Stufenschalter ausgewählten Rechteckimpulse werden dem Eingang L der 1. Kippstufe der Steuerlogik zugeführt.
Diese besteht aus drei hintereinander geschalteten, nicht nachtriggerbaren, monostabilen Kippstufen. Pulsfolge und Pulslänge der an den jeweiligen Ausgängen anstehenden Rechteckimpulse sind durch die

Dimensionierung der Zeitglieder festgelegt. Das Zeitablauf-Diagramm der Steuerlogik ist in Abb. 6.2-35 dargestellt. Der am Ausgang A (Abb.6.2-34) anstehende Impuls von 1,9 ms dient – wie schon beschrieben- zum Ansteuern des Treppenstufengenerators. Der am Ausgang B anliegende Impuls legt die Verzögerungszeit vor der Messung des Zellstromes fest.

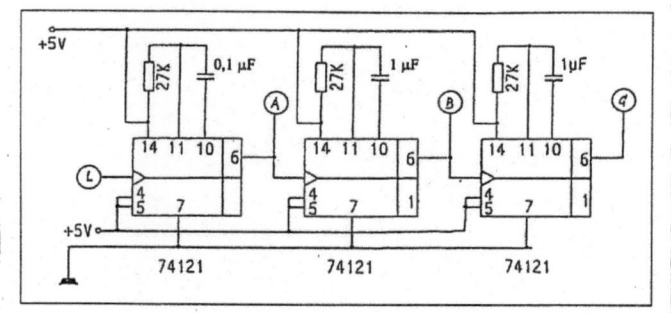

Abb. 6.2-34 Schaltbild der Steuerlogik
L: vom Rechteckgenerator (Abb .6.2-37)
A: zum Treppenspannungs-Generator (Abb. 6.2-29)
B: kein Anschluß
C: zum Momentanwertspeicher (Abb. 6.2-33)

Sie ist so gewählt, daß während dieser Zeitspanne der durch den treppenförmigen Spannungsanstieg verursachte Ladestrom weitgehend abgeklungen ist. Nach Ablauf der Verzögerungsdauer wird der elektronische Schalter des Meßwertspeichers Abb. 6.2-33 durch den Rechteckimpuls am Ausgang C der Steuerlogik für 10 ms geschlossen und dadurch der während dieser Zeitspanne über die Meßzelle fließende Zellenstrom gespeichert.

Zur Kompensation des noch verbleibenden nichtfaradayschen, linear ansteigenden Reststroms, dient die aus OP5 und OP6 aufgebaute Kompensationsschaltung (Abb. 6.2-36). An den Eingang des invertierenden Verstärkers (OP5) wird über das Potentiometer P4 die Spannungsrampe zugeführt. Sie kann mit dem Potentiometer zwischen Null und einem Maximalwert eingestellt werden.

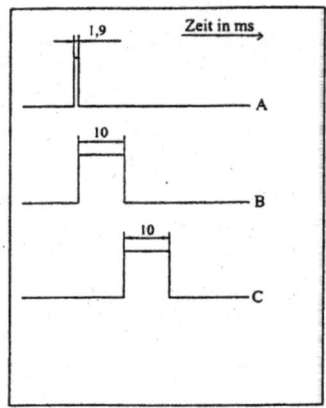

Abb. 6.2-35 Impuls-Zeit-Diagramm der Steuerlogik
A: Taktimpuls
B: Wartedauer
C: Steuerimpuls für Messwertspeicher

Der Ausgang des Inverters (OP5) ist über einen Umschalter (S) mit einem Eingang des aus OP6 gebildeten Summenverstärkers verbunden. Zu einem weiteren Eingang führt der Ausgang des Meßwertspeichers. Die Grundstrom-Kompensation basiert auf der Tatsache, daß die Ausgangsspannung eines Summierers gleich der algebraischen Summe der an den Eingängen liegenden Eingangsspannungen ist. Eine an einem Eingang anliegende linear ansteigende Spannung kann danach kompensiert werden, wenn an einem anderen Eingang des Summierers eine linear abfallende Spannung gleicher Spannungsänderungsgeschwindigkeit anliegt. Die Einstellung der zur Kompensation forderlichen Spannungsänderungsgeschwindigkeit kann - wie schon erwähnt - mittels des Potentiometers P4 erfolgen. Der dritte Eingang des Summierers ist mit dem Potentiometer P3 zur Nullpunkteinstellung verbunden. Die mit dem Operationsverstärker OP7 aufgebaute Schaltung bildet einen Tiefpaß (Abb. 6.2-38) mit einstellbarer Dämpfung (C1-C4) (Tab. 6.2.1).

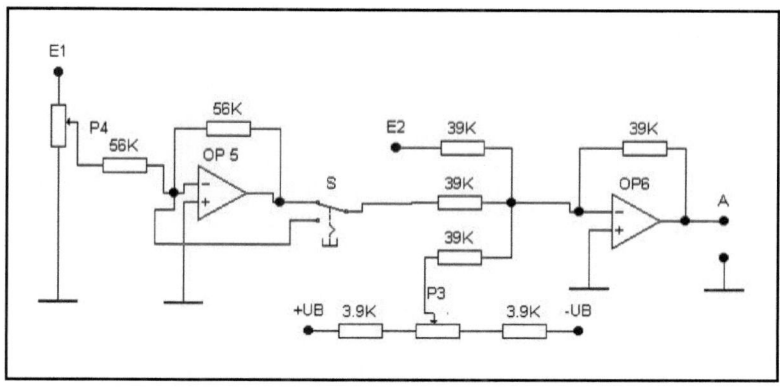

Abb. 6.2-36 Grundstromkompensation
E1: vom Ausgang A1 des Treppenspannungs-Generators
   (Abb. 6.2-29)
E2: vom Ausgang A Meßwertspeicher (Abb.6.2-33)
A: zum Eingang 6 des Tiefpasses (Abb. 6.2-38)
P3: Nullpunkt
P4: Grundstromkompensation

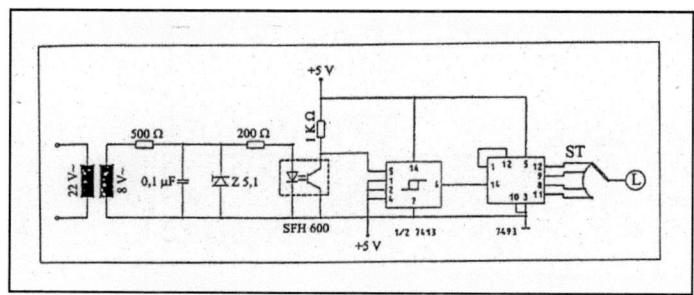

Abb. 6.2-37 Schaltbild des Rechteckgenerators
L: zum Eingang der Steuerlogik (Abb. 6.2-34)
ST: Stufenschalter zur Frequenzeinstellung

Tab.6.2.1

Dämpfung

C1	0,1 uF
C2	0,22 uF
C3	0,47 uF
C4	1,0 uF

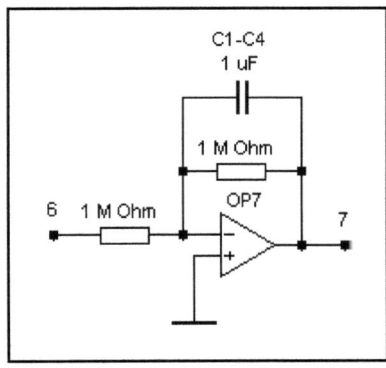

Abb. 6.2-38 Tiefpaß
6: vom Ausgang A der Grundstromkompensation (Abb. 6.236)
7: zum Registriergerät
   OP7: TL071

Anwendungsbeisspiele aus der Spuren- und Umweltanalytik

Abb. 6.2-39 zeigt ein Voltammogramm, das mit der beschriebenen Messanordnung aufgenommen wurde.

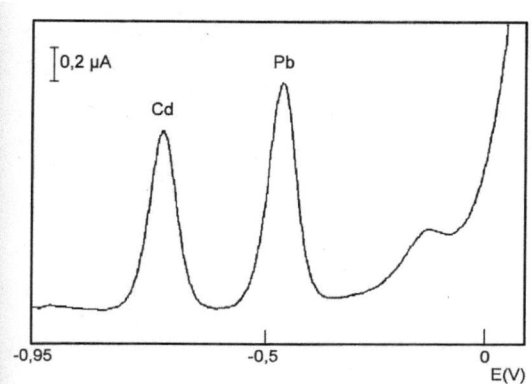

Abb. 6.2-39 Inversvoltammogramm von 5 ppb Cd und 5ppb Pb
　Elektrode: Hg-Filmelektrode
　Elektrolyt: Kaliumchlorid-Natriumacetat-Lösung,
　0,1 mol/L. 8 ppm Hg^{2+}
　Elektrolysedauer: 120 s
　Elektrolysepotential: -950 mV

Die Voltammogramme und die Kalibrierkurve der adsorptionsvoltammetrischen Bestimmung zeigen die Abb.6.2-40 und Abb. 6.2-41. .

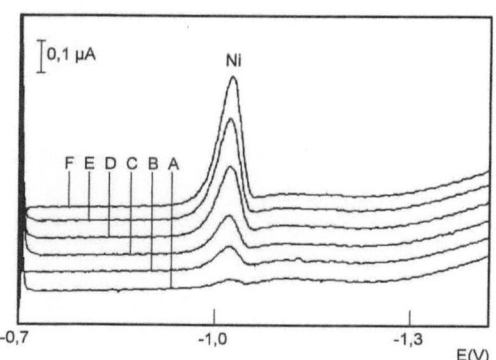

Abb. 6.2-40 Voltammogramme der adsorptinonsvoltammetrischen Bestimmung von Nickel mit Dimethylgloxim an der Hg-Tropfenelektrode nach Zugabe von 1 ppb, 2 ppb, 4 ppb, 6 ppb und 8 ppb Ni zur Grundlösung, Anreicherungsdauer 60 s

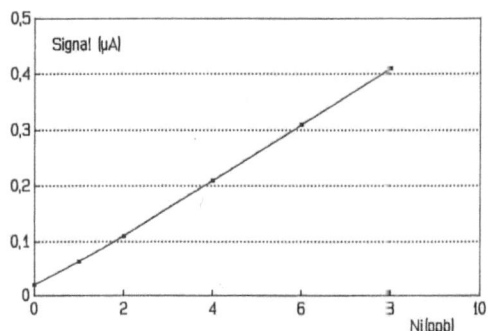

Abb. 6.2-41 Kalibriekurve der adsorptionvoltammetischen Ni- Bestimmung mit Dimethylgloxim

6.2.3.6 Meßanordnung für differentielle Pulsinversvoltammetrie in Modultechnik

Die für diese Meßtechnik eingesetzte Schaltung entspricht der in Abschnitt 6.2.3.5 angegebenen Schaltung für die Staircase-Inversvoltammetrie (Abb. 6.2-28) mit den dort angegebenen Schaltungsmodulen. Es ist lediglich eine andere Steuerlogik (Abb. 6.2-43) und Speicherschaltung (Abb.6.2-45) erforderlich.

Schaltungsmodule für den Aufbau der Versuchsschaltung

- Treppenspannungs-Generator (Abb. 6.2-29)
- Potentiostat (Abb. 6.2-31)
- Strom-Spannungs-Wandler (6.2-32)
- Meßwertspeicher (Abb. 6.2-45)
- Steuerlogik ((Abb. 6.2-43)
- Grundstromkompensation (Abb. 6.2-36)
- Rechteckgenerator (Abb. 6.2-37)
- Tiefpaß (Abb. 6.2-38)

Die vom Treppenspannungs-Generator (Abb 6.2-29) gelieferte Spannungsrampe wird im Summenverstärker (OP2) des Potentiostaten (Abb. 6.2-31) mit den von der Steuerlogik (Abb. 6.2-43) gelieferten Rechteckimpulsen (E) überlagert und der Meßzelle zugeführt. Die Steuerlogik wird mit dem Rechteckgenerator (Abb. 6.2-37) betrieben. Die erforderliche Elektrolyse- und Startspannung wird mit dem Potentiometer P2 (Abb. 6.2-31) eingestellt. Der über die Meßzelle fließende Strom wird mittels des Strom-Spannungs-Wandlers (Abb. 6.2-32) in eine proportionale Spannung umgewandelt und der Speicherschaltung (Abb. 6.2-45) zugeführt.

Die Speicherschaltung wird über die Steuerlogik so gesteuert, daß der über die Meßzelle fließende Strom jeweils unmittelbar vor der Überlagerung der Rechteckimpulse und gegen Ende der Pulsdauer gespeichert wird. Ein Differenzverstärker der Speicherschaltung bildet die Differenz beider Ströme, die dann gegen die jeweilige Spannung der Spannungsrampe über eine Schaltung zur Grundstrom-Kompensation (Abb. 6.2-36) und einem Tiefpaß (Abb. 6.2-38) registriert wird.

Die zur Überlagerung der Spannungsrampe mit Rechteckimpulsen und zur Steuerung des Meßwertspeichers erforderliche Steuerlogik zeigt Abb. 6.2-43. Die Steuerlogik besteht aus fünf hintereinandergeschalteten monostabilen, nicht nachtriggerbaren Kippstufen, einem NAND-Glied und einem Inverter (OP14). Die Pulsfolge und die Pulslänge der an den einzelnen Ausgängen anstehenden Rechteckimpulse ist durch die Dimensionierung der Zeitglieder festgelegt.

Abb. 6.2-42 zeigt das Impuls-Zeit-Diagramm der Steuerlogik. Die Taktfrequenz liegt am Eingang L und wird vom netzsynchronen Rechteckgenerator (Abb. 6.2-37) geliefert. Der Ausgang A der ersten Kippstufe steuert den Treppenspannungs-Generator (6.2-29). Wie schon beschrieben, wird bei der differentiellen Pulsvoltammetrie nur die durch die Pulsüberlagerung verursachte Stromänderung gemessen. Hierzu muß die Speicherschaltung so gesteuert werden, daß der Meßwert vor dem Anlegen des Rechteckimpulses und gegen Ende des Pulses gespeichert wird. Von diesen Meßwerten ist die Differenz zu bilden, die ebenfalls abgespeichert werden muß. Der zur Überlagerung der Spannungsrampe erforderliche Rechteckimpuls E (Abb. 6.2-42) wird von den invertierenden Ausgängen der 3. und 4. Kippstufe über ein NAND-Glied gewonnen. Der am Ausgang des NAND-Gliedes anstehende Rechteckimpuls kann zur Pulsumpolung (S2) über den Inverter OP14 geführt werden. Der Ausgang des NAND-Gliedes ist zur Stabilisierung des Rechteckimpulses mit einer Zener-Diode beschaltet. Die Pulshöhe läßt sich mit einem Trimmpotentiometer einstellen Der am Ausgang B der zweiten Kippstufe anstehende Rechteckimpuls steuert den ersten Speicher SP1 zur Speicherung des über die Meßzelle fließenden Stromes vor der Pulsüberlagerung. Der Ausgang D der vierten Kippstufe steuert den zweiten Speicher SP2 nach der Pulsüberlagerung und einer von der dritten Kippstufe festgelegten Verzögerungsdauer. Hier wird der Momentanwert der Faradayschen Stromkomponente des über die Meßzelle fließenden Stromes nach dem Abklingen des Ladestromes gespeichert. Der Ausgang F steuert den dritten Speicher SP3, der die 10-fach verstärkte Stromdifferenz speichert. Er liefert das Stromsignal für die Strom-Spannungs-Kurve. Abb. 6.2-44 zeigt die Spannungsrampe mit überlagertem Rechteckimpuls. In Tab. 2.2-4 sind die an den Ausgängen der Steuerlogik anstehenden Impulse zusammengestellt.

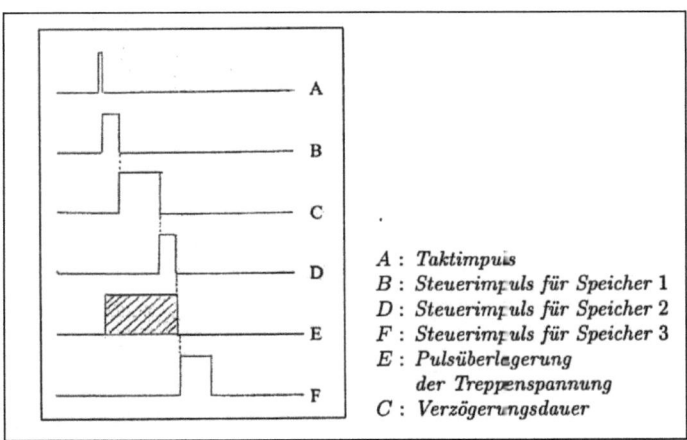

Abb. 6.2-42 Impulsdiagramm der Steuerlogik

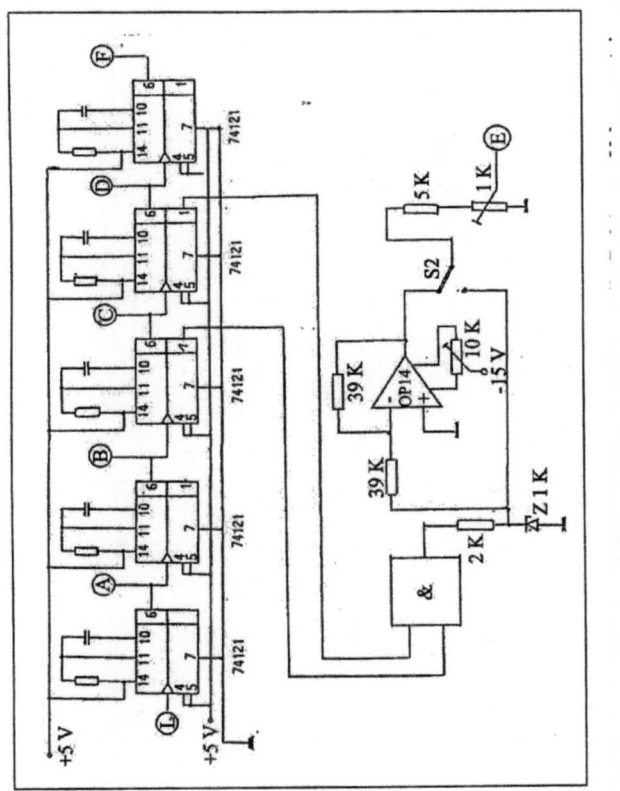

Abb. 6.2-43 Steuerlogik für die differentielle Pulsinversvoltammetrie
 L: vom Rechteckgenerator (vgl. Abb. 6.2- 37)
 A: zum Teppenspannungs-Generator (vgl. Abb. 6.2-29)
 B,D,F: zum Meßwertspeicher (vgl. Abb. 6.2 -43)
 C: kein Anschluß
 OP: 14 TL 071
 E: zum Potentiostaten (Abb. 6.2-31)

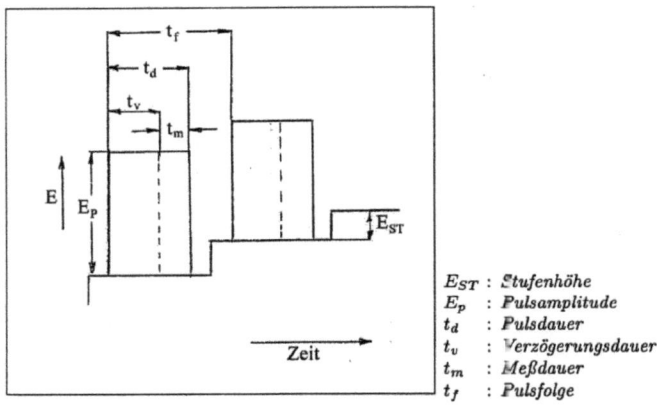

Abb. 6.2-44 Spannungsrampe mit überlagertem Rechteckimpuls

Tab. 2.2-4

Pulslängen der Steuerelektronik

Ausgang	Pulslänge (ms)	Bemerkung
A	1.9	Takt
B	4.4	Speicher 1
C	10.0	Verzögerungdauer
D	4.4	Speicher 2
E	14.4	Pulsüberlagerung
F	10.0	Speicher 3

Der Meßwertspeicher (Abb.6.2-43) besteht aus drei Momentanwertspeichern und einem Differenzverstärker. Die Steuerung des Speichers erfolgt wie schon beschrieben. Die Anschlußbelegung geht aus Abb. 6.2-43 hervor.

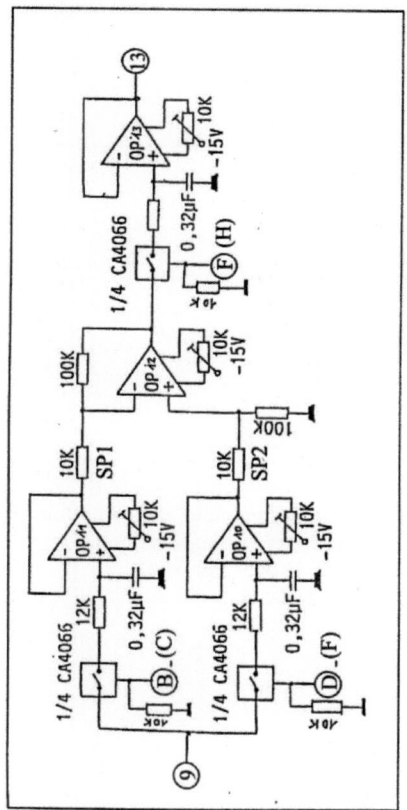

Abb. 6.2-45 Speicherschaltung für die differentielle Pulsinvers-Voltammetrie
9: vom Strom-Spannungs-Wandler (Abb. 6.2-32)
B,D,F: von der Steuerlogik (vgl. Abb. 6.2 -41)
13: zur Grundstromkompensation (vgl. Abb. 6.2 -36)
Alle Operatonsverstärker TL071

Anwendungsbeispiele aus der Spuren- und Umweltanalytik

Beispiele zeigen die Abb. 6.2-46 und 6.2-47.

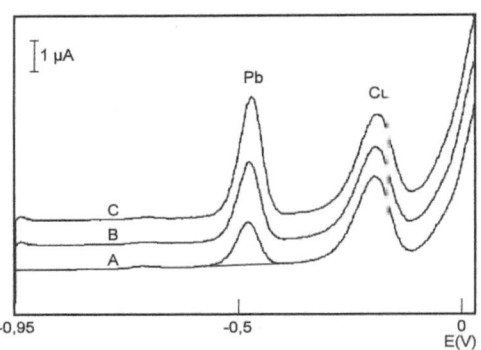

Abb. 6,2-46 Voltammogramme der Bestimmung von Pb in Reinstaluminium an der Hg-Filmelektrode, Anreicherungsdauer 60 s
A: Probbe, B: A+2 ppb Pb, C: A+4 ppb Pb

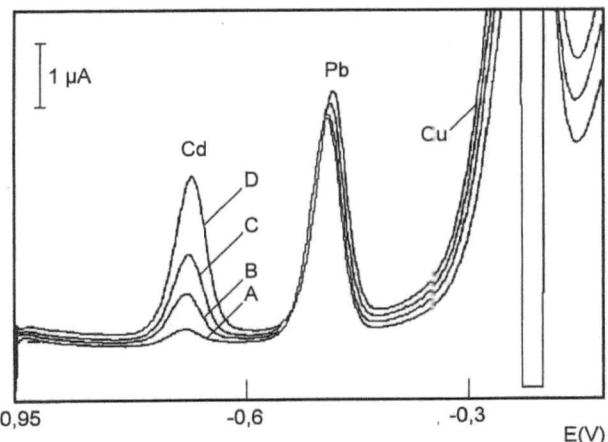

Abb. 6.2-47 Voltammogramme der Cd-Bestimmung an der Hg-Filmelektrode In Wein, Anreicherungsdauer 90 s, A :Probe, B: A+0,2 ppb Cd, C :A+0,4 ppb Cd, D :A+0,8 ppb Cd

6.2.3.7 Meßanordnung für die Square-Wave-Inversvoltammetrie in Modultechnik

Die für diese Meßtechnik eingesetzte Schaltung entspricht der in Abschnitt 6.2.3.5 angegebenen Schaltung für die Staircase-Inversvoltammetrie mit den dort angegebenen Schaltungsmodulen. Es ist lediglich eine andere Steuerlogik (Abb. 6.2-48) und eine andere Speicherschaltung (Abb. 6.2-49) erforderlich.

Schaltungsmodule für den Aufbau der Versuchsschaltung

- Treppenspannungs-Generator (Abb. 6.2-29)
- Potentiostat (Abb. 6.2-31)
- Strom-Spannungs-Wandler (6.2-32)
- Meßwertspeicher (Abb. 6.2-49)
- Steuerlogik (Abb. 6.2-48)
- Grundstromkompensation (Abb. 6.2-36)
- Rechteckgenerator (Abb. 6.2-37)
- Tiefpaß (Abb. 6.2-38)

Die vom Treppenspannungs-Generator (Abb. 6.2-29) gelieferte Spannungsrampe wird im Summenverstärker des Potentiostaten (Abb.6.2-31) mit den von der Steuerlogik (Abb. 6.2-48) gelieferten Rechteckimpulsen (E, G) überlagert und der Meßzelle zugeführt. Die Steuerlogik wird mit dem Rechteckgenerator (Abb. 6.2-37) betrieben. Die erforderliche Elektrolyse- und Startspannung wird mit dem Potentiometer P2 (Abb. 6.2-31) eingestellt. Der über die Meßzelle fließende Strom wird mittels des Strom-Spannungs-Wandlers (Abb. 6.2-32) in eine proportionale Spannung umgewandelt und der Speicherschaltung zugeführt.
Die Abbildung 6.2-50 zeigt das Impuls-Zeit-Diagramm der Steuerlogik. Funktionsweise und Aufbau entsprechen weitgehend der schon für die differentiellen Pulsinversvoltammetrie beschriebenen Steuerlogik. Die zur Pulsüberlagerung der Spannungsrampe erforderliche Rechteckspannung ist aus den Rechteckimpulsen E und G zusammengesetzt. Der positive Rechteckimpuls wird gewonnen, in dem die an den invertierenden Ausgängen der 2. und 3. Kippstufe anliegenden Pulse einem NAND-Glied zugeführt werden. In gleicher Weise wird der negative Rechteckimpuls G aus der 4. und 5. Kippstufe erzeugt, wobei

jedoch zur Polaritätsumkehr der Ausgang des NAND-Gliedes mit einem Inverter beschaltet ist.

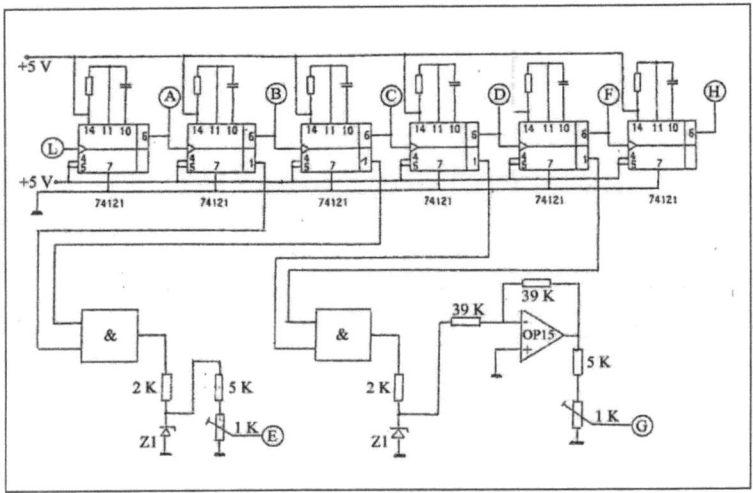

Abb. 6.2-48 Schaltbild der Steuerlogik für die Square-Wave-Inversvoltammetrie
L: vom Rechteckgerator (Abb. 6.2-37)
A: zum Treppenspannungs-Generator (Abb. 6.2-29)
C, F, H: zum Meßwertspeicher (Abb. 6.2-49)
E,G: zum Potentiostaten (Abb. 6.2-31)

Die Ausgänge der beiden NAND-Glieder sind zur Stabilisierung der Rechteckspannung mit einer Zener-Diode beschaltet. Über jeweils ein Trimmpotentiometer läßt sich die Pulshöhe des negativen wie auch des positiven Pulses einstellen. Zur Strommessung, die, wie schon beschrieben, jeweils am Ende des positiven und negativen Pulses erfolgt, wird der erste Analog-Speicher (OP11) der Speicherschaltung (Abb. 6.2-49) mit dem Puls C und der zweite Analog-Speicher (OP10) mit dem Puls F angesteuert. Der Differenzverstärker (OP10) bildet die Differenz der Meßwerte, die mit dem dritten Analog-Speicher (OP13) ebenfalls gespeichert werden. Dieser wird über den Impuls H gesteuert. Die Abb. 6.2-51 zeigt die Spannungsrampe mit überlagerter, symmetrischer Rechteckspannung.

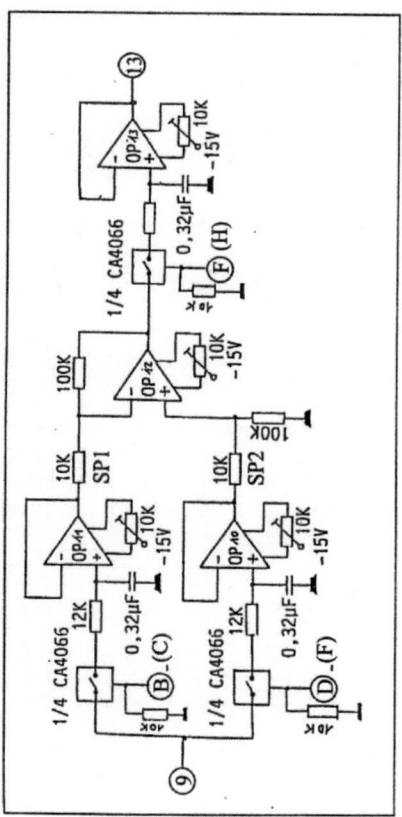

Abb. 6.2-49 Speicherschaltung
 9: vom Strom-Spannungs-Wandler (Abb. 6.2-32)
 C, F, H: von der Steuerlogik (vgl. Abb. 6.2 -48)
 13: zur Grunstromkompensation (vgl. Abb. 6.2.-36)
Alle Operatonsverstärker TL071

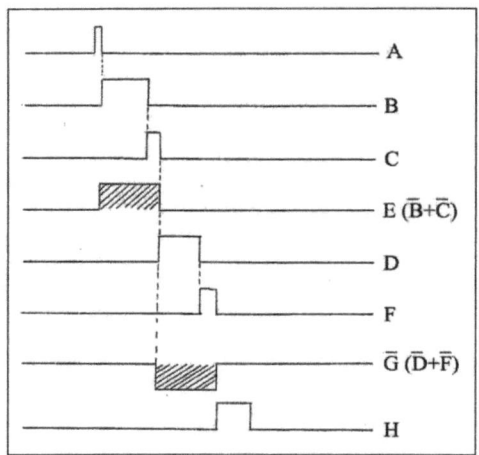

Abb. 6.2-50 Impuls-Zeit-Diagramm der Steuerlogik
  A: Taktimpuls, C: Steuerimpuls für Speicher 1
  F: Steuerimpuls für Speicher 2,   H: Steuerimpuls für Speicher 3
  E,G: Pulse für Überlagerung der Treppenspannung
  B,D: Verzögerungsdauer

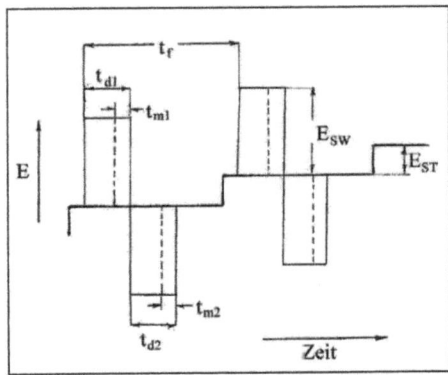

Abb. 6.2-51 Spannungsrampe mit überlagerter Rechteckspannung
  t_{d1}, t_{d2} : Pulsdauer des negativen bzw. positiven Pulses
  t_{m1}, t_{m2} : Meßdauer, E_{SW} : Pulsamplitude, E_{ST} Stufenhöhe

Anwendungsbeisspiele aus der Spuren- und Umweltanalytik

Abb. 6.2-52 und 6.2-53 zeigen Beispiele von Voltammogrammen, die mit der beschriebenen Meßanordnung aufgenommen wurden,

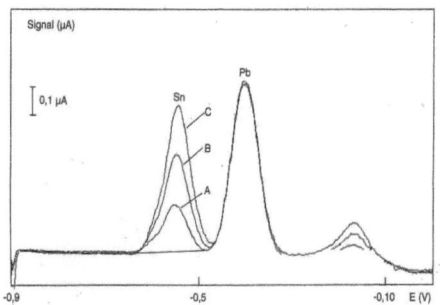

Abb. 6.2-52 Voltammogramme der adsorptionsvoltammetrischen Bestimmung
  Von Sn neben Pb an der Hg-Tropfenelelektrode
  A: Probe, B: A+20 ppb Sn, C: A+40ppb Sn

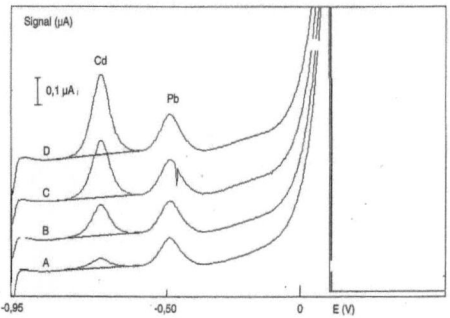

Abb. 6.2-53 Voltammogramme der Bestimmung von Cd im Ultraspuren-
    Bereich an der Hg-Filmelektrode
    Anreicherungsdauer: 300 s
  A: Probe, B: A+0,05 ppb Cd, C: A+0,1 ppb Cd, D: A+0,15 ppb Cd

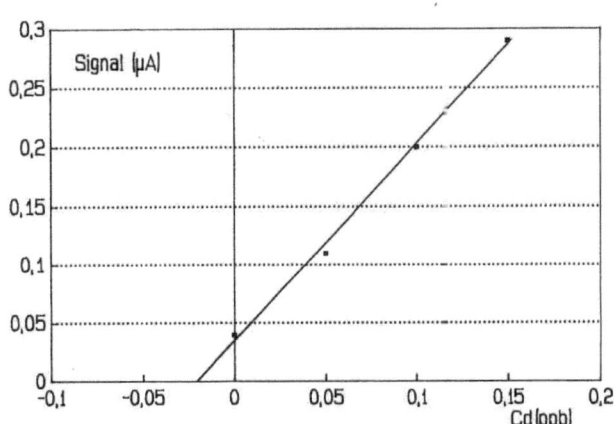

Abb. 6.2-54 Standard-Additionskurve der Cd-Bestimmung

6.3 Amperometrie
6.3.1 Grundlagen

Die Amperometrie ist ein elektrochemisches Analysenverfahren, das auf der Konzentrationsabhängigkeit des Diffusionsgrenzstromes beruht. Sie stellt einen Sonderfall der Voltammetrie dar, indem nicht die gesamte Strom-Spannungs-Kurve aufgenommen wird, sondern das Potential der Arbeitselektrode wird so gewählt, daß es im Diffusionsgrenzstromgebiet des zu bestimmenden Depolarisators liegt (Abb. 6.3-1).
Dabei ist eine Arbeitselektrode einzusetzen, bei der die zur Messung benutzte Reaktion so schnell abläuft, daß nur noch der Stofftransport aus der Lösung zur Phasengrenze die Reaktionsgeschwindigkeit und damit auch den über die Elektroden fließenden Strom bestimmt.

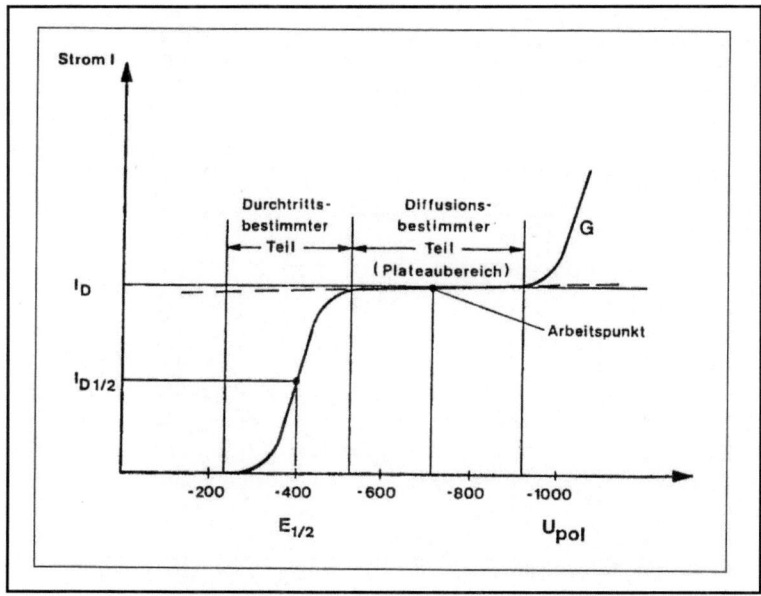

Abb. 6.3-1 Voltammetrische Strom-Spannungkurve

Der Diffusionsgrenzstrom kann durch folgende Gleichung beschrieben werden:

$$i_D = \frac{n \cdot F \cdot A \cdot D \cdot c}{\delta} \qquad (6.3.1)$$

Hierin bedeuten:

n : Zahl der ausgetauschten Elektronen
F : Faradaykonstante
A : Fläche der Arbeitselektrode
D : Diffusionskoeffizient
c : Konzentration des Depolarisators
δ : Diffusionsschichtdicke

Faßt man alle Konstanten zusammen, so läßt sich Gl. 6.3.1 vereinfachen:

$$i_D = k \frac{c}{\delta} \qquad (6.3.2)$$

Wie die Gleichung zeigt, ist der Diffusionsgrenzstrom proportional der Depolarisatorkonzentration und umgekehrt proportional der Diffusionsschichtdicke. Da die Diffusionsschichtdicke aber im wesentlichen von den hydrodynamischen Bedingungen bestimmt wird, muß die Strömung der Lösung an der Arbeitselektrode sehr genau konstant gehalten werden.

6.3.2 Meßanordnungen

Abb. 6.3-2 zeigt das Prinzipschaltbild einer Meßanordnung für amperometrische Messungen. Mit dem Potentiometer P wird das Potential der Arbeitselektrode eingestellt. Der über die Meßzelle fließende Strom wird dem Strom-Spannungs-Wandler I/U zugeführt und dort in eine dem Strom proportionale Spannung umgesetzt, die mit dem Instrument A angezeigt wird. Die in Abb. 6.3.1 dargestellte Strom-Spannungs-Kurve, die ein ausgeprägtes, parallel zur Spannungsachse verlaufendes Stromplateau zeigt, ist nicht immer gegeben, sondern man erhält häufig mit der Spannung ansteigende und schlecht ausgeprägte Stromplateaus. Um auch hier mit ausreichender Reproduzierbarkeit messen zu können, muß das Potential der Arbeitselektrode sehr genau eingestellt und unabhängig von dem Stromfluß über die Elektroden eingehalten werden. Das kann nur erreicht werden, wenn man eine potentiostatische 3-Elektrodenmeßtechnik anwendet. In Abb. 6.3-3 ist eine entsprechende Schaltung dargestellt.

Mit dem Potentiostaten (OP1 und OP2) wird das Potential der Arbeitselektrode AE unabhängig vom Stromfluß durch die Meßelektrode auf dem mit dem Potentiometer P vorgewählten Potential gehalten. Der über die Meßzelle fließende Strom wird einem Strom-Spannungs-Wandler (OP3) zugeführt und mit dem Instrument A angezeigt.

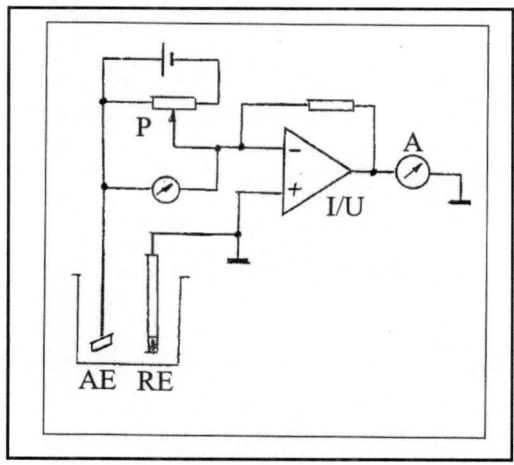

Abb. 6.3.2. Prinzipschaltbild einer Meßanordnung für die Amperometrie
    AE : Arbeitselektrode
    RE : Referenzelektrode
    P : Potentiometer zur Potentialeinstelung
    I/U : Strom-Spannungs-Wandler
    A : Anzeige

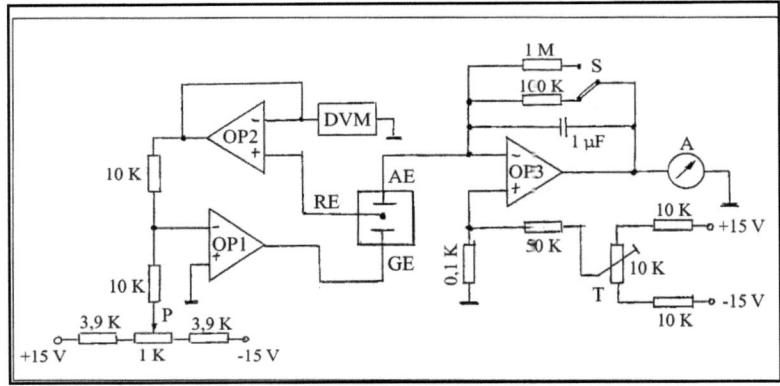

Abb. 6.3-3 3 –Elektroden-Meßanordnung für die Amperometrie.
- AE : Arbeitselektode
- RE : Referenzelektrode
- GE : Gegenelektrode
- P : Potentiometer zur Potentialeinstellung
- S : Meßwertumschaltung
- DVM : Digitalvoltmeter
- A : Messwertanzeige

6.3.3 Anwendungen

Bestimmung von Sauerstoff

Die amperometrische Sauerstoffbestimmung wird besonders in der routinemäßigen Wasseranalytik eingesetzt. Haupteinsatzgebiet ist die Überwachung von Oberflächenwässern sowie die Bestimmung des biochemischen Sauerstoffbedarfs in Abwässern.
Abb. 6.3-4 zeigt den Aufbau eines elektrochemischen Sauerstoff-Sensors. Der Sauerstoff diffundiert durch eine dünne, gasdurchlässige Membran aus Teflon und löst sich in einer dünnen Elektrolytschicht, meist KCl. Der im Elektrolyten gelöste Sauerstoff wird an einer Goldelektrode, die sich unmittelbar hinter der Membran befindet, bei -0,8V reduziert. Als Bezugselektrode (Gegenelektrode) dient eine Ag/AgCl-Elektrode. Die Elektrodenvorgänge können durch folgende Gleichungen beschrieben werden :

Kathode : $O_2 + 2H_2O + 4e^- \leftrightarrow 4OH^-$

Anode : $4Ag + 4Cl^- \leftrightarrow 4AgCl + 4e^-$

Die Höhe des gemessenen Grenzstromes hängt von der Konzentration des in der Probe gelösten Sauerstoffs sowie von der Transportgeschwindigkeit aus der Probe zur Elektrodenoberfläche ab. Damit es zu keiner wesentlichen Verarmung an Sauerstoff an der Außenseite der Membran kommt, soll die Lösung gerührt werden. Unter diesen Voraussetzungen baut sich in der Membran ein lineares Konzentrationsgefälle auf. Der Grenzstrom ist deshalb zeitunabhängig und direkt proportional der Sauerstoffkonzentration in der Probe.

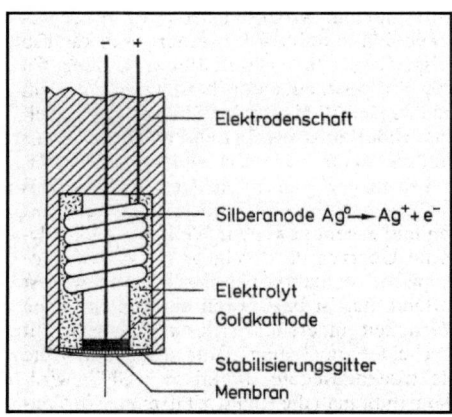

Abb. 6.3-4 Sauerstoff-Sensor (Metrohm)

Sauerstoffsensoren müssen vor den Messungen regelmäßig kalibriert werden. Die Kalibrierung erfolgt heute meist in wasserdampfgesättigter Luft. Die Vorgehensweise ist für die meisten Anwendungen ausreichend.
Für eine Mehrpunktkalibrierung ist das Prinzip einer Meßanordnung in Abb. 6.3.5 dargestellt.

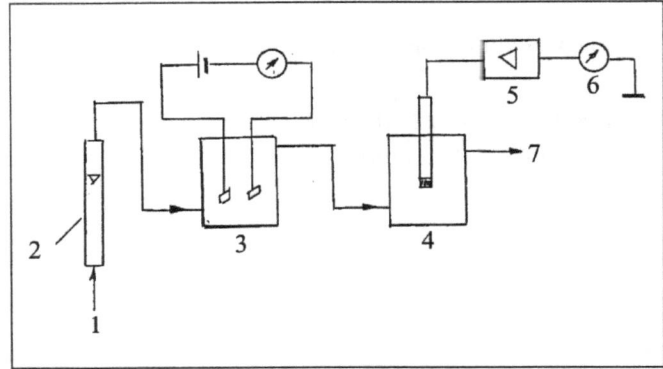

Abb. 6.3-5 Meßanordnung zur Kalibrierung eines Sauerstoff-Sensors

Zur Kalibrierung wird elektrolytisch erzeugter Sauerstoff einem Trägergas, meist Reinstickstoff, zugemischt. Die Sauerstoffkonzentration des Kalibriergases wird über den eingestellten Elektrolysestrom (3) und der Strömungsgeschwindigkeit (2) berechnet. Dabei wird davon ausgegangen, daß das Kalibriergas vor dem Eintritt in die Elektrolysezelle (3) keinen Sauerstoff enthält. Die Sauerstoffelektrode (4) liefert ein dem Sauerstoffpartialdruck des Kalibriergases und der Löslichkeit im Elektrolyten proportionalen Strom, der verstärkt (5) und dann angezeigt (6) wird.

Der Sauerstoffgehalt der Lösung läßt sich dann nach folgender Gleichung berechnen:

$$c_x = c_w \cdot \frac{i_x}{i_w} \qquad (6.3.4)$$

Hierin bedeuten:

c_x : gesuchte Sauerstoffkonzentration
c_w : Sauerstoffkonzentration einer luftgesättigten Lösung (für 20° C beträgt sie etwa 9 mg/L)
i_w : Diffusionsgrenzstrom der luftgesättigten Probe
i_x : Diffusionsgrenzstrom der Probe

6.4 Elektrochemische Indikation von Titrationen
6.4.1 Amperometrische Indikation
6.4.1.1 Grundlagen

Bei dieser Methode wird in Abhängigkeit vom Maßlösungszusatz der über eine unpolarisierbare Gegenelektrode und eine polarisierbare Indikatorelektrode fließende Strom gemessen (Abb. 6.4 -1) .

Beim Auftragen der gemessenen Stromstärke gegen den Verbrauch an Maßlösung werden Titrationskurven erhalten, die in den meisten Fällen durch zwei lineare Kurventeile gekennzeichnet sind. Je nach dem voltammetrischen Verhalten der Stoffe, die an der der Titration zugrundeliegenden chemischen Reaktion beteiligt sind, ergeben sich verschiedene Titrationskurven (Abb.6.4-2).

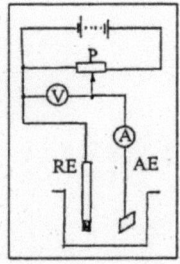

Abb. 6.4-1 Prinzipschaltung einer Meßanordnung zur amperometrischen Indikation

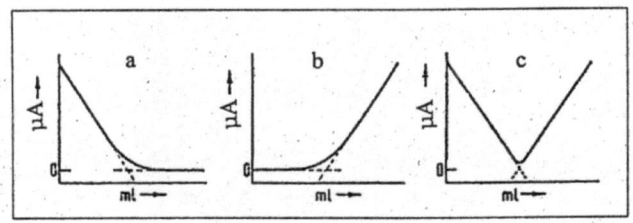

Abb. 6.4-2 Amperometrische Indikationskurven

Legende zu Abb. 6.4-2
    a : Titrand elektrochemisch aktiv
    b : Titrator elektrochemisch aktiv
    c : Titrand und Titrator elektrochemisch aktiv

Bei der biamperometrischen Indikation von Titrationen (dead-stop-Titration) werden zwei gleichartige polarisierbare Elektroden (meist Pt-Elektroden) eingesetzt. Die Meßanordnung entspricht der in Abb. 6.4 -1 dargestellten Schaltung. Im Unterschied zur amperometrischen Indikation wird an die Elektroden nur eine sehr kleine (10 - 50 mV) konstante Spannung angelegt. Der Verlauf vor und nach dem Äquivalenzpunkt hängt von der angelegten Spannung, dem zu bestimmenden Stoff (Titrand) und dem Titrationsmittel (Titrator) ab. Für den Fall, daß der Titrand elektrochemisch aktiv ist, fließt zunächst ein relativ großer Strom. Bis zum Erreichen des Äquivalenzpunktes ändert sich der Strom nur geringfügig.

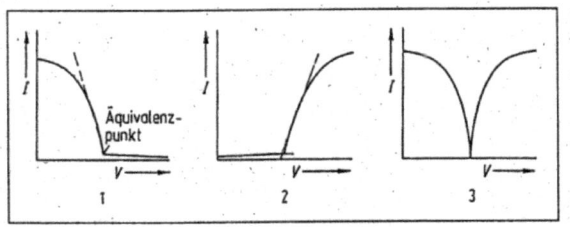

Abb. 6.4-3 Titrationskurven nach dem Dead-stop-Verfahren
    I : Stromstärke
    V : zugesetztes Volumen an Maßlösung
    1 : Titrand elektrochemisch aktiv
    2 : Titrator elektrochemisch aktiv
    3 : Titrand und Titrator elektrochemisch aktiv

Nach Überschreiten des Äquivalenzpunktes fällt der Strom sprunghaft auf ein Minimum ab. Im umgekehrten Fall, bei dem der Titrand elektrochemisch inaktiv, der Titrator dagegen elektrochemisch aktiv ist, steigt der Strom am Äquivalenzpunkt sprunghaft an (Abb. 6.3-3). Wie die Abbildung zeigt, sind die Kurven weitgehend mit denen für die amperometrische Indikation (Abb. 6.4 -2) identisch.

6.4.1.2 Meßanordnungen für die amperometrische Indikation

Einfachste Meßanordnung

Die Schaltung zur Titration mit amperometrischer Indikation ist in Abb. 6.4-4 dargestellt. Mit dem Potentiometer P1 wird über den Inverter (OP1) die Polarisationsspannung an die Elektroden angelegt, die hochohmig über den Elektrometerverstärker (OP4) mit dem Digitalvoltmeter (DVM) gemessen werden kann. Der über die Elektroden fließende Strom wird dem Strom-Spannungs-Wandler (OP2) zugeführt und dort in eine proportionale Spannung umgesetzt.

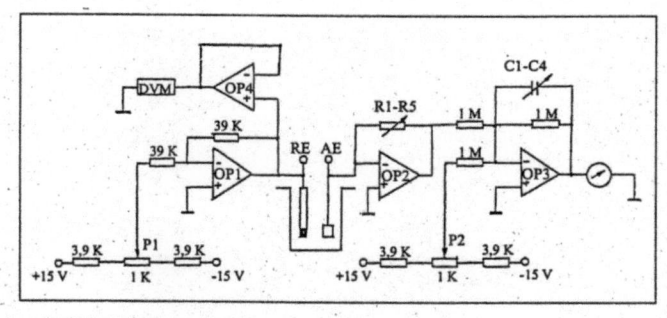

Abb. 6.4-4 Schaltung für die Titration mit amperometrischer Indikation
P1 : Polarisationsspannung
P2 : Nullpunkt

Die Verstärkung des Strom-Spannungs-Wandlers kann über die Rückkopplungswiderstände (R1-R5) in 5 Stufen eingestellt werden. Der Ausgang des Strom-Spannungs-Wandlers ist mit einem Eingang des Addierers (OP3) verbunden. Der zweite Eingang des Addierers führt zu einem Potentiometer P2 zur Nullpunkteinstellung. Zusätzlich befinden sich im Rückkopplungszweig noch die Kondensatoren (C1-C4), die zur Dämpfung der Anzeige dienen.

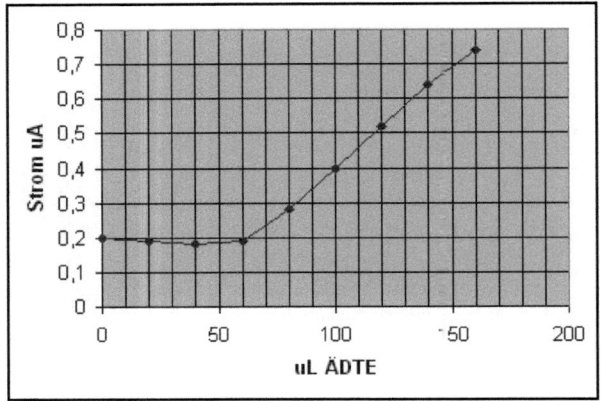

Abb. 6.4-5 Titrationskurve der Titration von 4 ug Zn mit 0,001 M ÄDTE
Titrationsvolumen : 20 mL, Elektrolyt : Puffer pH 4,5
Pol-Spannung : 1,07 V, Elektroden : Pt/Ft-Tl_2O_3

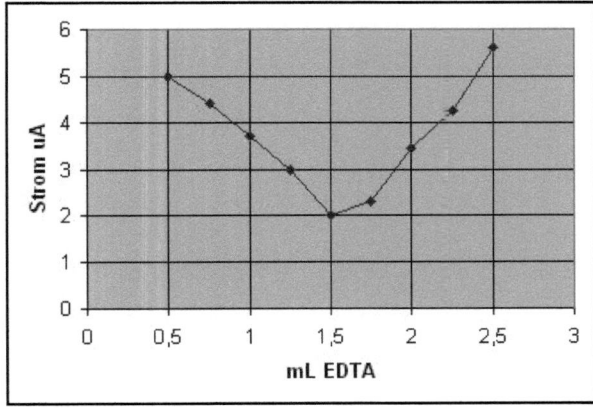

Abb. 6.4-6 Titrationskurve einer komplexometrischen Cu-Titration
Titrationsvolumen : 60 mL, Elektrolyt : Puffer pH 10
Pol-Spannung : 1,1 V : Elektroden . Pt/Pt-Tl_2O_3

Die Abb. 6.4-5 und Abb. 6.4-6 zeigen Titrationskurven, die mit der oben angegebenen Schaltung aufgenommen wurden.

6.4.2 Titrationen mit voltametrischer Indikation
6.4,2.1 Grundlagen

Bei der voltametrischen Indikation von Titrationen wird der Meßkette ein kleiner konstanter Strom (1uA ... 10 uA) aufgeprägt und die Änderung des Polarisationswiderstandes in Abhängigkeit vom Volumen der zugesetzten Maßlösung gemessen. Am Äquivalenzpunkt erfolgt durch Depolarisation oder Polarisation eine sprunghafte Änderung der Spannung. Die Messung kann sowohl unter Anwendung von zwei polarisierten Elektroden - meist Platinelektroden - als auch mit nur einer polarisierbaren Elektrode ausgeführt werden Wird nur eine polarisierbare Elektrode angewendet, ist auf die richtige Polung der Elektrode zu achten. Eine weitere Möglichkeit besteht darin, daß man zwei polarisierte Elektroden, die vom Polarisationsstrom durchflossen werden, anwendet und die Polarisationsänderung einer Elektrode mit Hilfe einer Referenzelektrode (z.B. Kalomelelektrode) verfolgt. Abb. 6.4-7 zeigt voltametrische Indikationskurven, wie sie bei Anwendung von zwei polarisierten Elektroden erhalten werden.

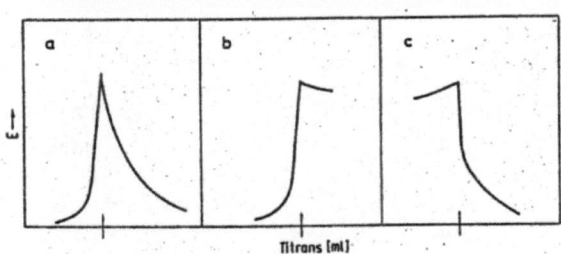

Abb. 6.4-7 Voltametrische Indikationskurven bei Anwendung von zwei polarisierten Elektroden
    a : Titrand und Titrator elektrochemisch aktiv
    b : Titrand elektrochemisch aktiv
    c : Titrator elektrochemisch aktiv

Tab.6.4.3

Anode	Maßlösung	pH	Potentialänderung (mV)
Tl-Oxid	0,001 m ÄDTA	9	200-300
Pt	0,001 n KmnO$_4$	1	350
Pt	0,001 n J-Lösung	1	500

Voltammetrisch können alle komplexometrischen, Redox- und zahlreiche Fällungs-Titrationen mit sehr hoher Empfindlichkeit und ausgezeichneter Reproduzierbarkeit indiziert werden. Die hohe Empfindlichkeit der Indizierung einiger Titrationen wird durch Tab. 6.4.3 belegt. Sie zeigt die bewirkte Potentialänderung, wenn 0,1 mL der angegebenen Maßlösung zu 25 mL eines Elektrolyten zugesetzt werden.

6.4.2.2 Meßanordnungen

Eine Meßnordnung für die Titration mit voltametrischer Indikation unter Verwendung von Gleichstrom zeigt Abb. 6.4-8 Die mit dem Operationsverstärker OP1 aufgebaute Konstantstromquelle liefert einen mit dem Potentiometer P1 einstellbaren Konstantstrom, der den Elektroden aufgeprägt wird. Der sich während der Titration ändernde Polarisationswiderstand wird durch Messung des Spannungsabfalls an den Elektroden mit dem Elektrometerverstärker (OP2) verfolgt. Zur Unterdrückung von Netzbrumm und Störsignalen ist der Eingang mit einem Tiefpaß versehen. Der Ausgang des Elektrometerverstärkers führt zu einem Addierer, bei dem ein weiterer Eingang mit einer Potentiometerschaltung (P2) verbunden ist. Damit kann zu Beginn der Titration der Spannungsabfall an den Elektroden ganz oder teilweise kompensiert werden, so daß immer mit hoher Anzeigeempfindlichkeit gearbeitet werden kann.

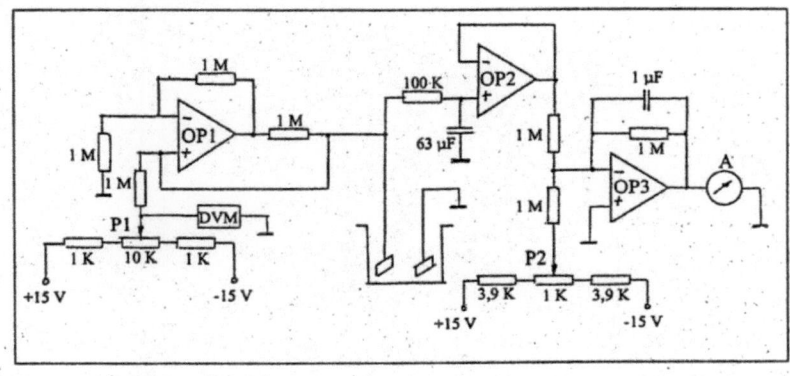

Abb. 6.4-8 Meßanordung für die Titration mit voltametrischer Indikation
OP1 : TL 071, OP2 : CA 3140, OP3 : TL 071,
A : Voltmeter, DVM : Digitalvoltmeter
P1,P2 : 10-Gang-Potentiometer

Anwendungsbeispiele:

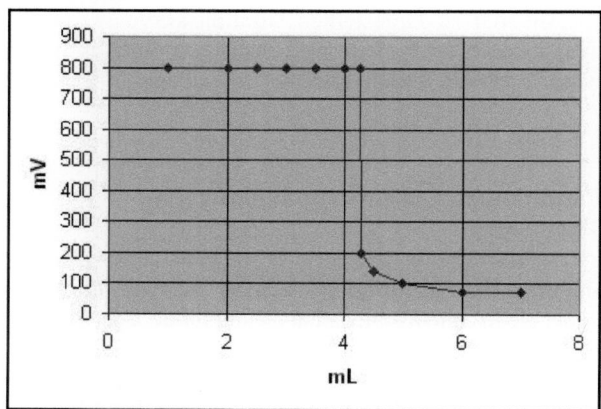

Abb. 6.4-9 Titrationskurve einer voltametrischen Titration
von Zn mit 0,01 m $K_4[Fe(CN)_6]$-Lösung
Elektrolyt : ca 0,1 n HCl , Elektroden : Pt/Pt, Pol-Strom : 4 uA

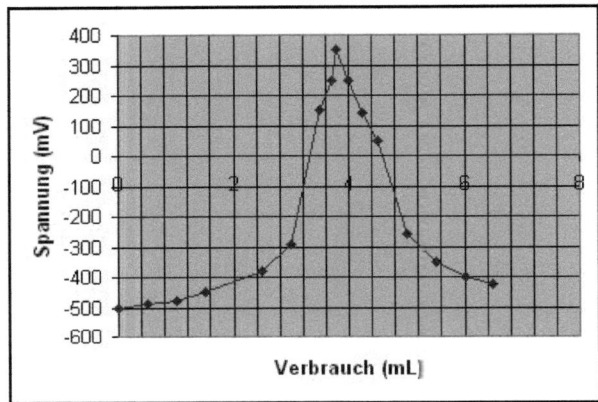

Abb. 6.4-10 Titrationskurve einer voltametrischen Titration von Fe(II) mit 0,005 m Ce(IV)-Lösung

Die Abbildungen 6.4-9 und 6.4-10 zeigen Beispiele für die voltametrische Indikation von Redoxtitationen. Die in Abb. 6.4-9 dargestellte Titrationskurve zeigt den typischen Verlauf für eine Titration, bei der die Maßlösung elektrochemisch aktiv ist, die Probelösung jedoch nicht. Bei der in Abb. 6.4-10 dargestellten Titrationskurve ist sowohl die Maßlösung als auch die Probelösung elektrochemisch aktiv (Fe(II) und Ce(IV) sind reversible Redoxsysteme.

6.5 Potentiometrische Stripping-Analyse
6.5.1 Grundlagen

Die potentiometrische Stripping-Analyse ist wie die Inversvoltammetrie eine elektrochemische Analysenmethode zur Bestimmung von vorwiegend Schwermetallspuren im ppb-Bereich. Die hohe Empfindlichkeit basiert auf der Tatsache, daß die zu bestimmenden Schwermetallspuren wie bei der Inversvoltammetrie zunächst auf einer Quecksilberfilmelektrode elektrolytisch angereichert werden.

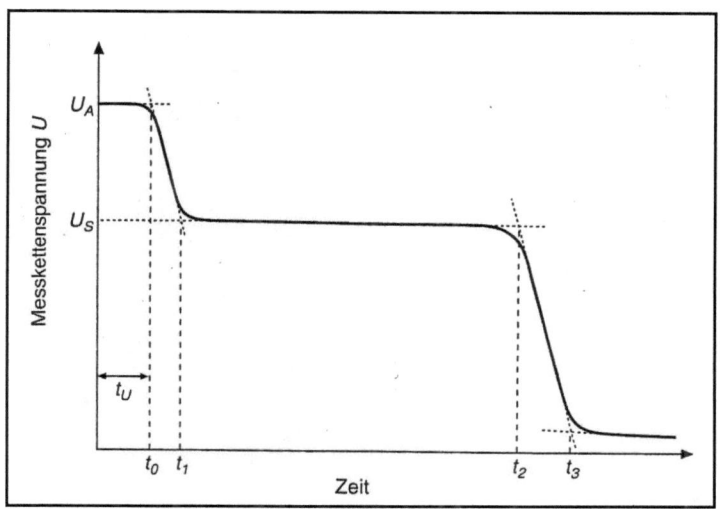

Abb. 6.5-1 Schematische Spannungs-Zeit-Kurve in der potentiometrischen Stripping-Analyse
U_A: Elektrolysespannung
U_S: Abscheidungsspannung, t_U: Vorelektrolysezeit

$t_0 - t_1$: Entladung der elektrochemischen Doppelschicht. Danach sinkt das Elektrodenpotenial auf einen Wert, bei dem eine Elektrodenreaktion einsetzt.

$t_1 - t_2$: Dauer der Elektrodenreaktion. Die Konzentration des im Quecksilber abgeschiedenen Metalls sinkt auf Null.

$t_2 - t_3$: Nachdem das erste Metall vollständig aufgelöst wurde, erreicht das Elektrodenpotential einen Wert, bei dem ein weiteres Metall wieder aufgelöst werden kann. Ein Teil der Zeit wird wiederum für die Entladung der Doppelschicht benötigt.

Beim eigentlichen Bestimmungsvorgang werden die auf der Elektrode abgeschiedenen Schwermetalle reoxidiert, wobei das Potential der Arbeitselektrode in Abhängigkeit von der Zeit aufgezeichnet wird. Dabei stellt sich für jedes abgeschiedene Metall ein charakteristisches Potential ein, das solange bestehen bleibt, bis die Auflösung des nächsten Metalls erfolgt (Abb. 6.5-1 und Abb. 6.5-2).

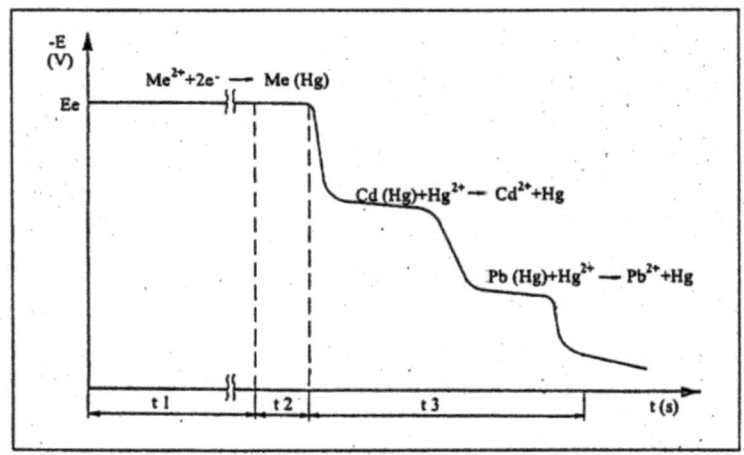

Abb. 6.5-2 Potentialverlauf während der Analyse
Ee : Elektrolysepotential
t1 : Kathodische Anreicherung unter Rühren
t2 : Beruhigungsphase
t3 : Reoxidation der gebildeten Amalgame

Gemessen wird die Zeitdauer zwischen zwei Potentialsprüngen (Transitionsdauer), die der Konzentration des betreffenden Metallions im Quecksilberfilm und damit auch der Konzentration in der Lösung proportional ist.

6.5.2 Schaltungen für die potentiometrische Stripping-Analyse

6.5.2.1 Einfachste Meßanordnung zur Aufnahme von Potential-Zeit-Kurven

Im einfachsten Fall besteht die Meßanordnung aus einem Potentiostaten und einer Registriereinrichtung, die es ermöglicht, das zeitabhängige Potential der Arbeitselektrode aufzuzeichnen..

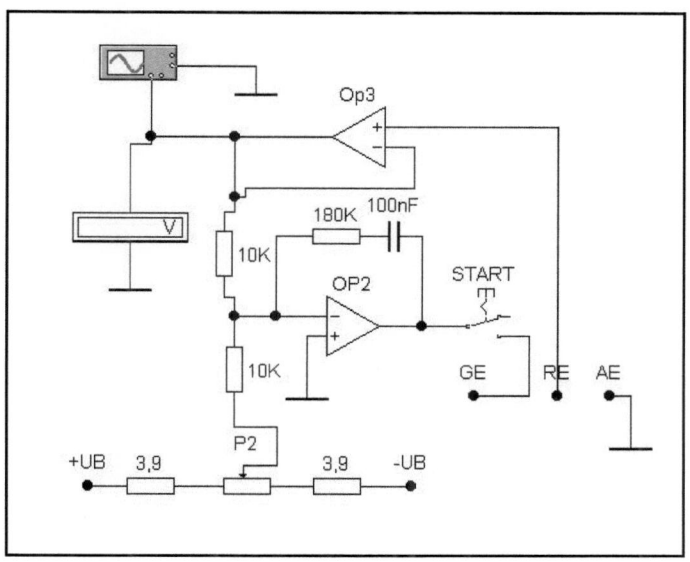

Abb. 6.5-3 Einfachste elektronische Meßanordnung zur Aufnahme von Potential-Zeit-Kurven
GE: Gegenelektrode   DGM: Digitalvoltmeter
RE: Referenzelektrode   OP2: TL 741
AE: Arbeitselektrode   OP3: TL 071

Als Registriereinrichtung kann ein schneller x-t-Schreiber, ein Transientenrecorder oder ein Speicheroszillograph zur Anwendung kommen.

Eine entsprechende Meßanordnung ist in Abb. 6.5-3 dargestellt

Mit dem Potentiometer P2 wird über die Gegenelektrode (GE) das zur Anreicherung erforderliche Elektrolysepotential der Arbeitselektrode (AE) eingestellt, das am Digitalvoltmeter (DVM) abgelesen werden kann. Der Potentiostat ermöglicht es, die Anreicherungselektrolyse unter potentiostatischen Bedingungen durchzuführen.

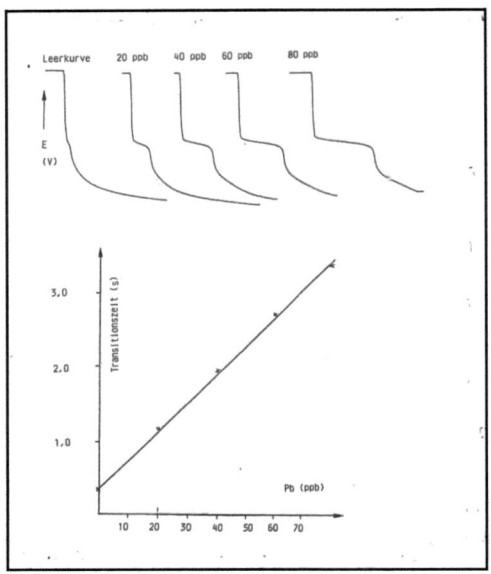

Abb. 6.5-4 Potential-Zeit-Diagramme und Kalibrierkurve einer
Pb-Bestimmung
Elektrode: Hg-Filmelektrode
Elektrolyt; 0,05 m HCl

Zur Aufnahme der Potential-Zeit-Kurve wird nach der Anreicherungselektrolyse die Rührung abgeschaltet und nach einer Ruhephase der Schalter "START" geöffnet Dadurch wird die Elektrolyse unterbrochen, und die Reoxidation der abgeschiedenen Metalle beginnt. Über die Registriereinrichtung wird gleichzeitig der zeitliche Verlauf des Potentials der Arbeitselektrode gegen die Referenzelektrode (RE) über den hochohmigen Verstärker (OP3) des Potentiostaten aufgezeichnet. Abb. 6.5-4 zeigt die mit dieser Meßanordnung aufgenommenen Potential-Zeit-Kurven und die entsprechende Kalibrierkurve.

6.5.2.2 Elektronische Meßanordnung zur Aufnahme von Ableitungskurven in Modultechnik

Eine wesentliche Vereinfachung der Auswertung von Potential-Zeit-Kurven ergibt sich, wenn man nicht das Potential E der Arbeitselektrode, sondern die erste Ableitung dE/dt als Funktion der Zeit registriert. Eine hierfür geeignete Messanordnung zeigt Abb. 6.5-5.
Wie schon in Abschnitt 6.2.1 beschrieben, wird mit dem Potentiostaten das Potential der Arbeitselektrode während der Anreicherungsphase auf den eingestellten Wert konstant gehalten und mit dem Elektrometerverstärker OP2 das Potential der Arbeitselektrode (AE) gegen die Referenzelektrode (RE) hochohmig gemessen. Das mit OP4 verstärkte Signal wird danach dem mit OP5 aufgebauten Differenzierer zugeführt. Am Ausgang von OP5 wird das differenzierte Signal abgenommen und mit einem x-t-Schreiber registriert.
Die Zeitkonstante des Differenziergliedes kann über Kondensatoren eingestellt und dadurch der zeitlichen Änderung des Analysensignals und der Registriergeschwindigkeit optimal angepaßt werden.
Der Verlauf einer Potential-Zeit-Kurve einer Lösung, die je 50 ppb Cd, Pb und Cu enthält, zeigt Abb. 6.5-6a, das nach der Zeit differenzierte Signal ist in Abb. 6.5-6b dargestellt.
Die Differenzierschaltung ermöglicht auch in einigen Fällen die Messung der Strippingzeit auf sehr einfache Weise, in dem man die Zeitdauer zwischen zwei Ausschlägen eines am Ausgang des Differenzierers angeschlossenen Meßinstrumentes ermittelt, so daß ein Schreiber für die Aufnahme des gesamten Kurvenverlaufes nicht erforderlich ist.

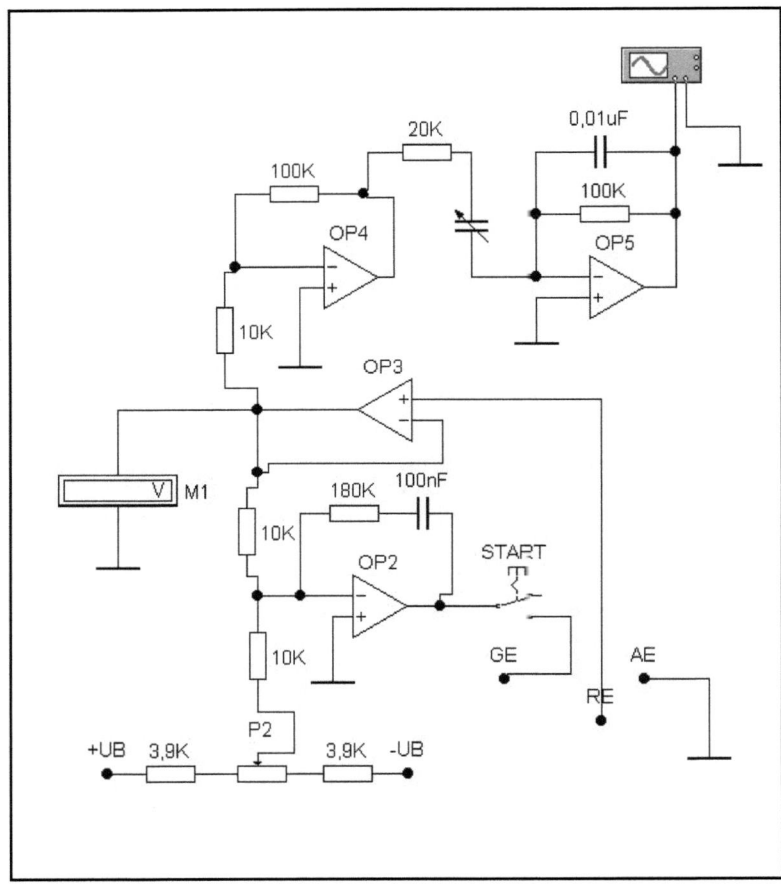

Abb. 6.5-5 Schaltbild der elektronischen Meßanordnung zur Aufnahme von abgeleiteten Potential-Zeit-Kurven
OP2, OP3 : Potentiostat, OP4 : Verstärker
OP5 : Differenzierer   RE : Referenzelektrode
AE : Arbeitselektrode   GE : Gegenelektrode

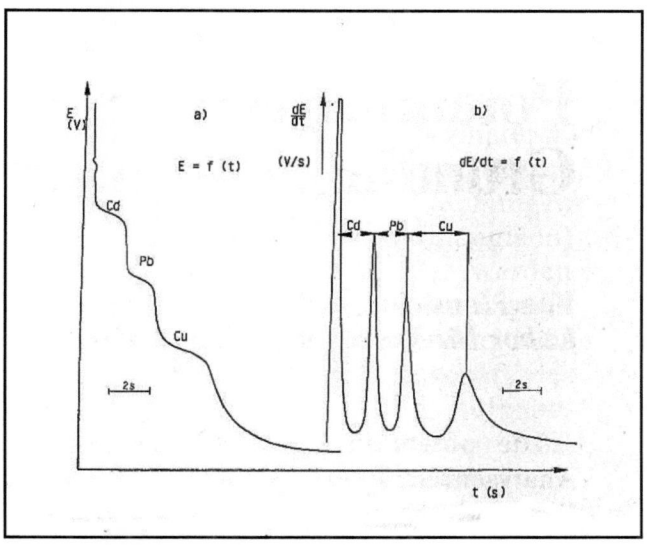

Abb. 6.5-6 Simultanbestimmung von Cd, Pb und Cu
Elektrode: Hg-Filmelektrode
Elektrolyt: 0,1 M KCl, 20 ppm Hg
und jeweils 50 ppb Cd, Pb, Cu, entlüftet
Elektrolysepot.: -0.95 V
Elektrolysedauer: 60 s
a) Potential als Funktion der Zeit
c) Potentialänderung als Funktion der Zeit

Eine weitere Vereinfachung der Auswertung von Potential-Zeit-Kurven zur Konzentrationsbestimmung erreicht man, wenn man die 2. Ableitung des Potentials-Zeit-Verlaufes bildet. In diesem Fall erhält man für jeden Spannungssprung einen Nulldurchgang. Abb. 6.5-7 zeigt eine hierfür geeignete Schaltung.

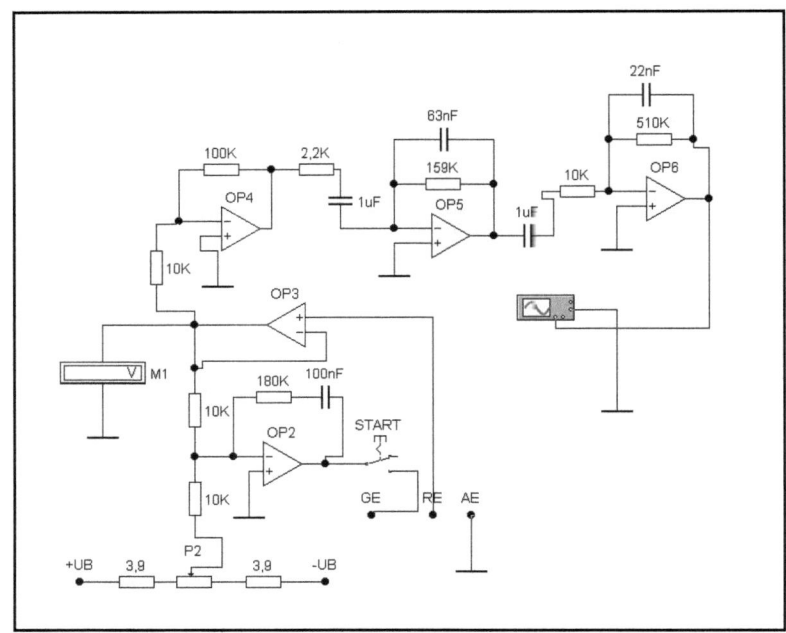

Abb. 6.5-7 Schaltung zur Aufnahme der 2. Ableitung von Potential-Zeit-Diagrammen

Schaltungsmodule für die Versuchsschaltung:

- Potentiostat (Abb. 6.5-8)
- Verstärker (Abb.6.5-9)
- Differenzierer (Abb. 6.5-10)
- Differenzierer (Abb. 6.5-11)

Das Ausgangssignal vom Potentiostaten (Abb. 6.5-8) wird zunächst verstärkt (Abb. 6.5-9) und dann den beiden Differenzierern (Abb. 6.5-10 und 6.5-11) zugeführt. Das Ausgangssignal wird mit einem x/t-Schreiber aufgezeichnet. Die 1. und 2. Ableitung von Potential-Zeit-Kurven, die mit der beschriebenen Meßanordnung aufgenommen wurden, sind in Abb. 6.5-12 dargestellt.

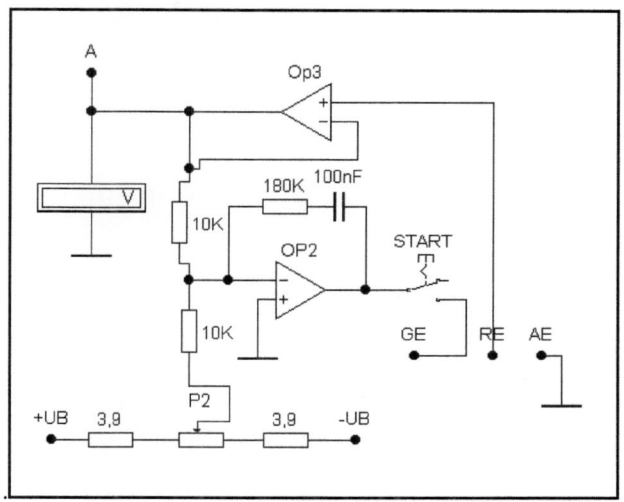

Abb. 6.5-8 Potentiostat
A: zum Eingang E1 des Verstärkers (Abb. 6.5-9)

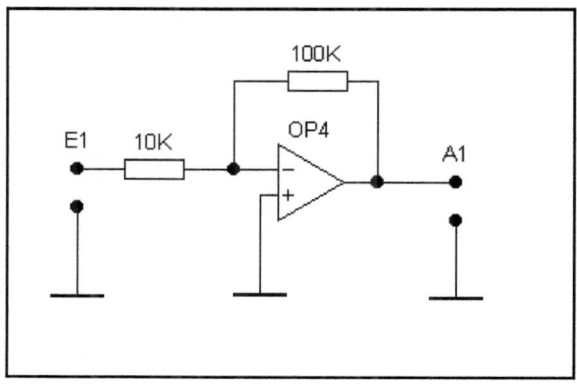

Abb. 6.5-9 Verstärker
E1: vom Ausgang A des Potentiostaten (Abb. 6.5-8)
A1: zum Eingang E2 des 1. Differenzierers (Abb. 6.5-10)

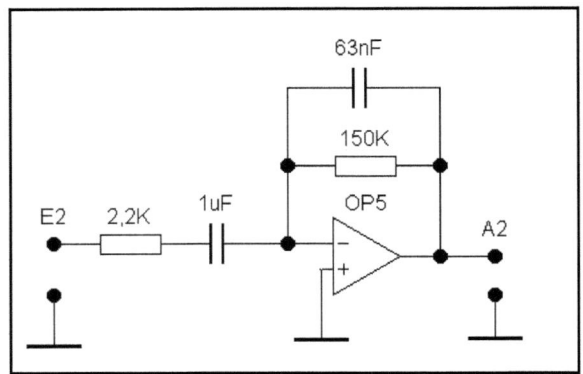

Abb. 6.5-10 1.Differenzierer
E2: vom Ausgang A1 des Verstärkers (Abb. 6.5-9)
A2: zum Eingang E3 des 2. Differenzierers (Abb. 6.5-11)

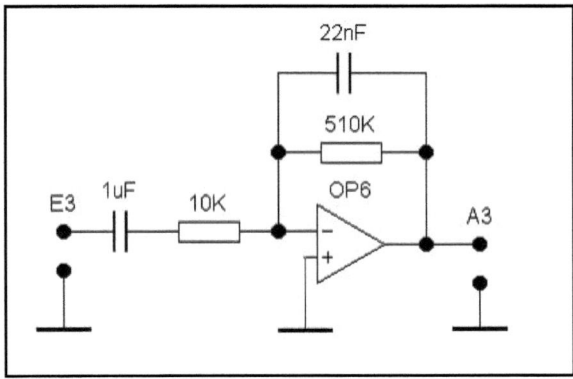

Abb. 6.5-11 2. Differenzierer
E3: vom Augang A2 des 1. Differenzierers (Abb. 6.5-10)
A3: zum Registriergerät

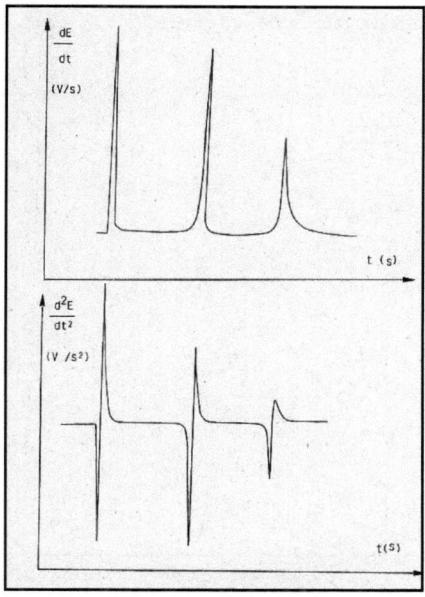

Abb. 6.5-12 1. und 2. Ableitung einer Spannungs-Zeit-Kurve

6.5.2.3 Schaltung zur Konstantstrom-Stripping-Analyse (Constant Current Stripping-Analyse)

Bei dieser Technik werden die nach der elektrolytischen Anreicherung auf der Arbeitselektrode abgeschiedenen Stoffe durch einen konstanten Strom reoxidiert oder reduziert. Sie macht die Bestimmung einiger Elemente erst möglich, die mit der PSA nicht bestimmt werden können. Als Beispiele seien hier die Bestimmung von As und Hg an der Goldelektrode oder Bestimmung von Ni und Co durch adsorptive Anreicherung des Dimetylglyoxim-Komplexes an der Hg-Elektrode genannt. Eine hierfür geeignete Schaltung zeigt Abb. 6.5-13, die besteht aus dem schon in Abschn. 6.2.1 beschriebenen Potentiostaten OP2, OP3) und einer Konstantstromquelle (OP4). Zur Aufnahme der Potential-Zeit-Kurve wird mit dem Schalter START die Elektrolyse unterbrochen und gleichzeitig der Schalter S1 geschlossen und damit der mit dem Potentiometer P3 eingestellte Konstantstrom über die Gegenelektrode an die Meßzelle angelegt.

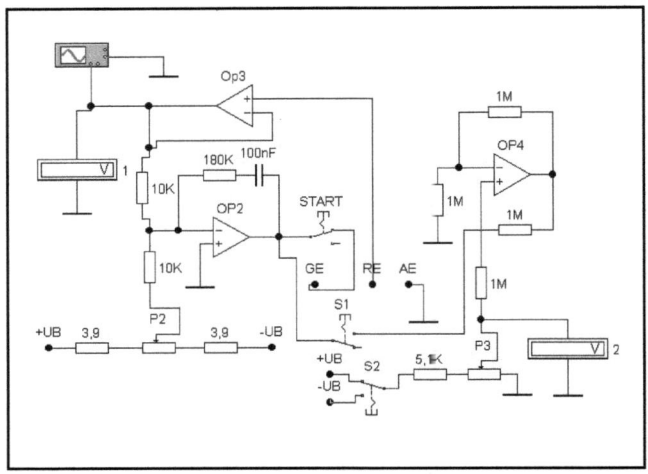

Abb. 6.5-13 Schaltung zur Constant-Current Stripping-Analyse
P2: Startspannung, 10 K, 10-Gang
P3: Konstantstromeinstellung, 10 K, 10-Gang
S1: Konstantstrom ein/aus
S2: Polarität des Konstantstromes

Schaltungsmodule für die Versuchsschaltung

- Potentiostat (Abb.6.5-14)
- Konstantstromquelle (Abb. 6.5-15)

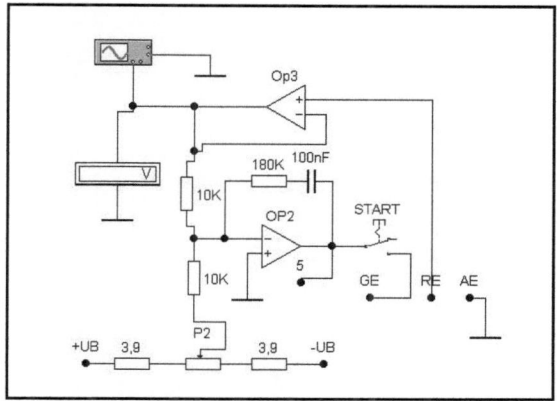

Abb. 6.5-14 Potentiostat

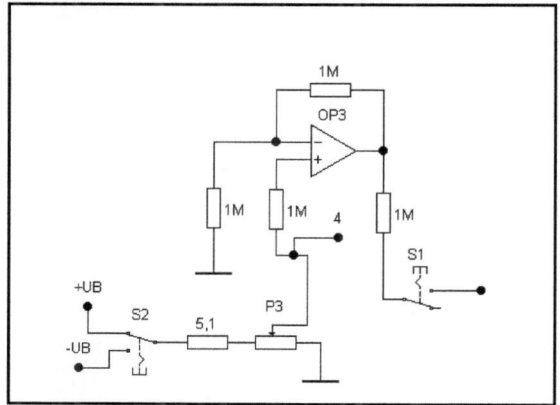

Abb. 6.5-15 Konstantstromquelle

6.5.2.4 Meßanordnung mit elektronischer Meßwerterfassung in Modultechnik

Meßprinzip
Bei der Reoxidation der elektrolytisch abgeschiedenen Metalle wird ein Teil der Strippingzeit für die Entladung der elektrochemischen Doppel-

schicht benötigt.

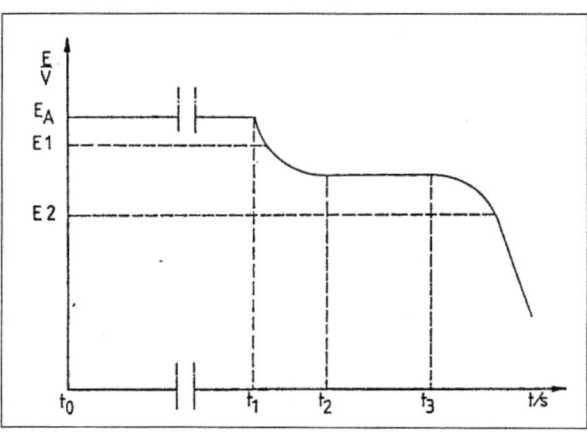

Abb. 6.5-16 Schematischer Verlauf einer Potential-Zeit-Kurve
E : Elektrolysepotential
t_0-t_1 : elektrolytische Anreicherung
t_1-t_2 : Entladung der elektrochemischen Doppelschichtkapazität
t_2-t_3 : Elektrodenreaktion

Diese Zeitspanne macht sich bei kurzen Strippingzeiten als störendes Untergrundsignal bemerkbar und muß deshalb bei der Bestimmung sehr geringer Konzentrationen (Strippingzeiten < 1 Sekunde) in geeigneter Weise berücksichtigt werden. Die Größe dieses Untergrundsignales ist in hohem Maße von der Oberflächenbeschaffenheit der Elektrode, der Elektrolytzusammensetzung und von der Gegenwart oberflächenaktiver Substanzen abhängig. Der prinzipelle Verlauf einer Potential-Zeit-Kurve ist in Abb. 6.5-16 dargestellt.

Der Zeitabschnitt t_0-t_1 bezeichnet die Zeitdauer der elektrolytischen Anreicherung. Die zur Entladung der elektrochemischen Doppelschicht erforderliche Zeitdauer ist durch den Zeitabschnitt t_1-t_2 gekennzeichnet. Die Dauer der eigentlichen Elektrodenreaktion ist der Zeitabschnitt t_2-t_3. Die Entladungsdauer der Doppelschichtkapazität (Untergrundsignal) muß von dem eigentlichen Analysensignal (Strippingdauer) abgezogen werden.

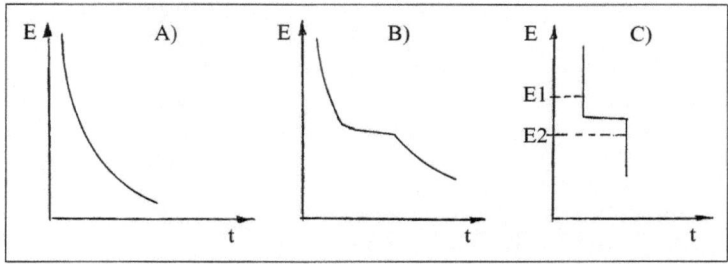

Abb. 6.5-17 Schematische Darstellung der Untergrundkompensation
  A)   .: Untergrundkurve
  B)   : Analysenkurve + Untergrund
  C)   : Analysenkurve - Untergrund

Zur Messung des Untergrundsignals wird zunächst eine Untergrundkurve aufgenommen, indem man die Elektrolysespannung nur 0,5 s lang anlegt. Die Meßwerte der Untergrundkurve werden abgespeichert. Danach wird die eigentliche Analysenkurve mit der dafür erforderlichen Anreicherungsdauer aufgenommen. Die Meßwerte der Untergrundkurve werden nun von den Meßwerten der Analysenkurve abgezogen, so daß man die vom Untergrund befreite Kurve erhält (Abb. 6.5-17). Ohne Berücksichtigung des Untergrundsignals erhält man eine Kalibrierkurve, die nicht durch den Koordinatennullpunkt läuft, sondern die Ordinate beim Meßwert des Untergrundsignals schneidet. Eine Auswertung nach dem Aufstockverfahren führt deshalb auch immer zu systematischen Fehlern.

Zur Ermittlung der Strippingdauer wird die Zeitspanne gemessen, die zum Durchlauf des Potentialbereiches E1-E2 (Spannungsfenster) erforderlich ist. Das Spannungsfenster muß vor der ersten Messung durch Aufnahme einer Potential-Zeit-Kurve mit dem anzuwendenden Grundelektrolyten und dem zu bestimmenden Element ermittelt werden. Für Analysen, die später unter gleichen Bedingungen durchgeführt werden, ist dann eine erneute Bestimmung des Spannungsfensters nicht mehr erforderlich. Die Spannungswerte können mit den anderen Versuchsparametern abgespeichert werden.

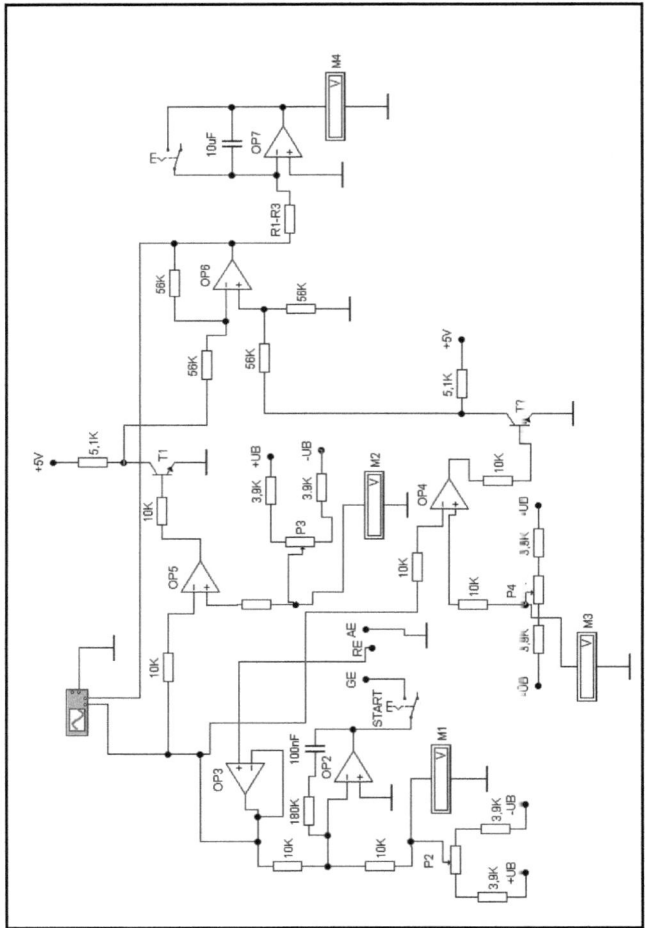

Abb. 6.5-18 Messanordnung zur elektronischen Ermittlung der Transitionszeit

Abb. 6.5-18 zeigt eine Schaltung zur elektronischen Ermittlung der Transitionszeit. Sie besteht aus dem schon mehrfach beschriebenen Potentiostaten (OP2, OP3). Der Ausgang von OP3 ist mit jeweils einem

Eingang eines Komparators (OP4, OP5) verbunden. Die beiden Ausgänge der Komparatoren führen zu Transistorschaltstufen (T1 und T2), deren Ausgänge mit den Eingängen eines Differenzverstärkers (OP6) verbunden sind. An den beiden Komparatoren können über Potentiometerschaltungen (P3 und P4) die Schaltspannungen eingestellt werden. Die Schaltspannungen werden mit dem Instrument M2 und M3 angezeigt.

Die Messung wird durch Öffnen des Schalters „START" ausgelöst.

Am Differenzverstärker (OP6) liegen an beiden Eingängen zunächst gleiche Spannungen, die sich durch Differenzbildung aufheben, so dass die Ausgangsspannung spannungsfrei ist und kein Strom in den nachgeschalteten Integrator (OP7) fließt.

Bei Erreichen des eingestellten Spannungswertes der 1. Schaltstufe liegt nun am Ausgang des Differenzierers eine Spannung, und damit beginnt die Ladung des Integrations-Kondensators, sie wird beendet, wenn der Spannungssprung der 2. Schaltstufe erreicht wird.

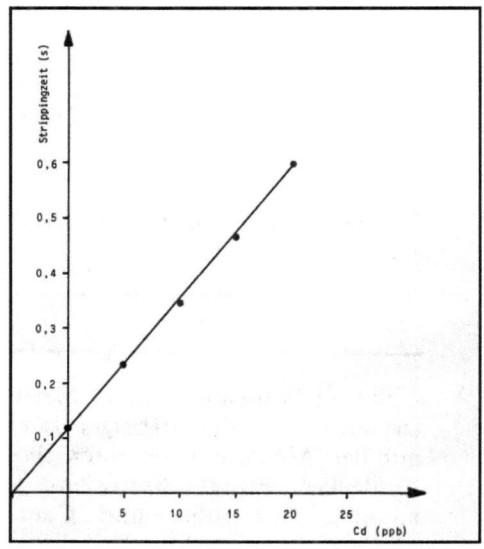

Abb. 6.5-19 Standardadditions-Kurve für die Bestimmung von 5 ppb Cd
Elektrode: Hg-Filmelektrode , Elektrolyt: 0,05 m HCl
Elektrolysedauer: 3 min

Stellt man – wie beschrieben – ein Spannungsfenster ein, das die Potentialstufe einschließt, erhält man über die Ausgangsspannung des Integrators die Transitionszeit.

Die Abbildungen 6.5-19 und 6.5-20 zeigen die Standardadditions-Kurven für die Bestimmung von Cd und Pb, die mit der oben angegebenen Meß-anordnung aufgenommen wurden.

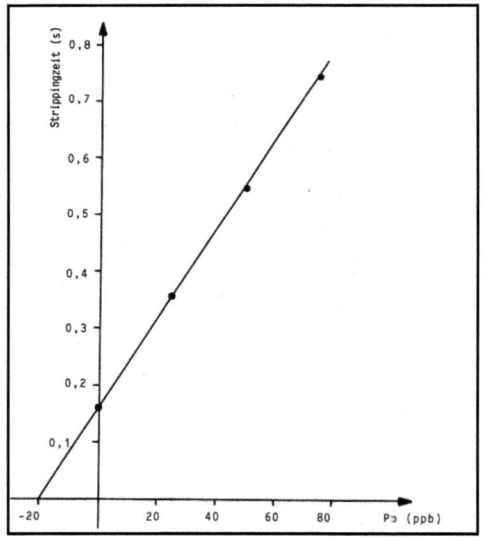

Abb. 6.5-20 Standardadditions-Kurve für die Bestimmung von 20 ppb Pb
Elektrode: Hg-Filmelektrode
Elektrolyt: 0,05 m HCl
Elektrolysedauer: 2 min

Schaltungsmodule für den Versuchsaufbau

- Potentiostat (Abb. 6.5-21)
- 2 Trasistorschaltsufen (Abb. 6.5-22)
- Differenzverstärker (Abb. 6.5-23)
- Integrator (Abb. 6.5-24)

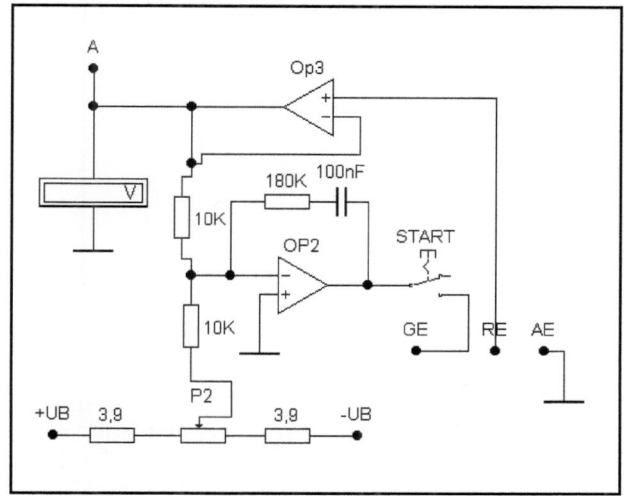

Abb. 6.5-21 Potentiostat
A: zu den Transistorschaltstufen (Abb. 6.5-22)

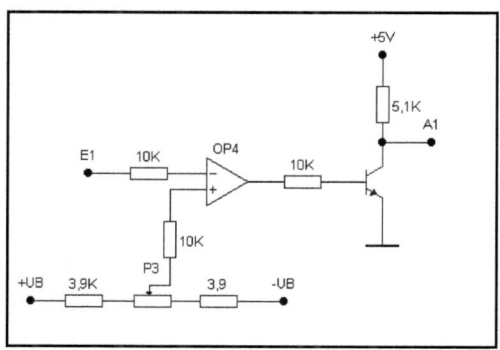

Abb. 6.5-22 Transistorschaltstufe
E1: vom Ausgangang A des Potentiostaten (Abb. 6.5-21)
A1: zum Eingang E1 des Differenzverstärkers (Abb.6.5-23)

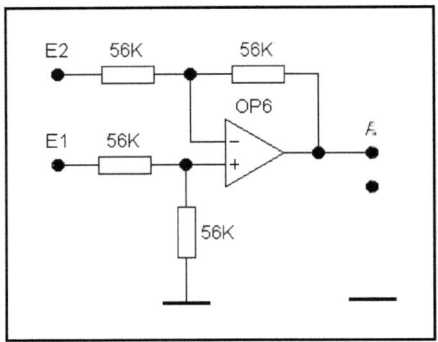

Abb. 6.5-23 Differenzverstärker
E1: vom Ausgang A1 der 1. Transistorschaltstufe (Abb. 6.5-22)
E2: vom Ausgang A2 der 2. Transistorschaltstufe (Abb. 6.5-22)
A: zum Eingang E des Integrators (Abb. 6.5-24)

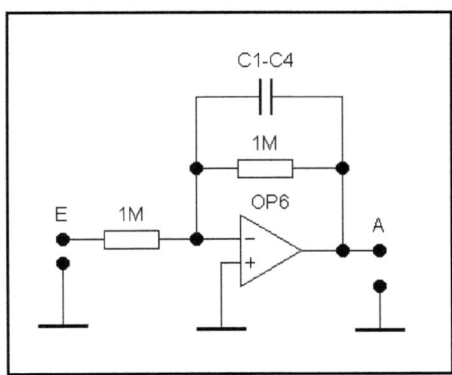

Abb. 6.5-24 Integrator
E: vom Ausgang des Differenzversärkers (Abb. 6.5-23)
A: zum Meßgerät

6.6 Konduktometrie
6.6.1 Grundlagen

Unter Konduktometrie versteht man die Messung der elektrischen Leitfähigkeit von vorwiegend Elektrolytlösungen und deren analytischer Anwendung. Um eine Polarisation an den Elektroden auszuschalten, wird zur Messung der Leitfähigkeit Wechselspannung verwendet.
Die elektrische Leitfähigkeit G eines Elektrolyten ist definiert als Kehrwert des elektrischen Widerstandes R

$$G = \frac{1}{R} \cdot \left[\Omega^{-1} \right] \qquad (6.6.1)$$

Die elektrische Leitfähigkeit ist von folgenden Faktoren abhängig:

1. von der Konzentration des Elektrolyten
2. von der Geometrie der Meßzelle (Abstand, Größe der Elektroden)
3. von der Art des Elektrolyten (Größe, Ladung des Ion)
4. von der Temperatur des Elektrolyten

Werden zur Messung der elektrischen Leitfähigkeit zwei zueinander parallele Elektroden mit dem Abstand l und der Fläche A angeordnet, so ist die gemessene Leitfähigkeit proportional zu A und umgekehrt proportional zu l

$$G = \kappa \cdot \frac{A}{l} \cdot \left[\Omega^{-1} \right] \qquad (6.6.2)$$

Die Proportionalitätskonstante wird spezifische Leitfähigkeit genannt Nach Umformung von Gleichung 6.1.2 erhält man:

$$\kappa = G \cdot \frac{l}{A} \cdot \left[\Omega^{-1} \cdot cm^{-1} \right] \qquad (6.6.3)$$

Die elektrische Leitfähigkeit wird in Leitfähigkeitsmeßgefäßen mit fest angeordneten Elektroden gemessen. Das Verhältnis von l/A ist die

Widerstandskapazität der Meßzelle oder die Zellkonstante C.

$$C = \frac{l}{A} \qquad (6.6.4)$$

$$\kappa = \frac{1}{R} \cdot C = G \cdot C \qquad (6.6.5)$$

Wenn die Zellkonstante nicht bekannt ist, muß diese durch Messung von Elektrolytlösungen mit bekannter spezifischer Leitfähigkeit bestimmt werden.

6.6.2 Meßtechnik

Um die elektrischen Vorgänge bei der Leitfähigkeitsmessung verstehen zu können, ist es zweckmäßig, ein elektrisches Ersatzschaltbild (Abb. 6.6-1) zu benutzen. Nicht berücksichtigt bei dem Ersatzschaltbild wurde die Kabelkapazität und der Kabelwiderstand. Bei Labormeßgeräten, wo mit relativ kurzen Kabeln gearbeitet wird, sind diese Werte so klein, daß sie vernachlässigt werden können. Das Schaltbild läßt sich weiter vereinfachen, wenn man berücksichtigt, daß die Meßzelle sich in einem Wechselstromkreis befindet.

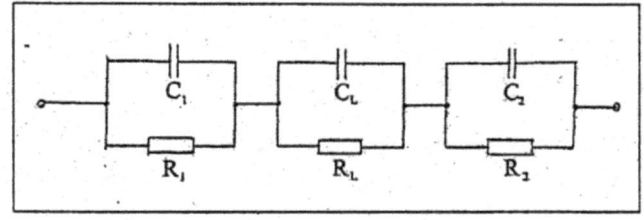

Abb. 6.6-1 Ersatzschaltbild einer Leitfähigkeitsmeßzelle
R1, R2: Polarisationswiderstand der Elektrode RL: Ohmscher Widerstand des Elektrolyten C1, C2: Doppelschichtkapazität der Elektrode CD: Kapazität des von der Elektrode gebildeten Kondensators

Dadurch werden die Polarisationswiderstände sehr klein gegenüber R_L und können ebenfalls vernachlässigt werden. Da C_1 und C_2 konstant sind, können sie zu einem gemeinsamen Symbol C_D zusammengefaßt werden und man erhält nun das in Abb. 6.6-2 dargestellte Ersatzschaltbild

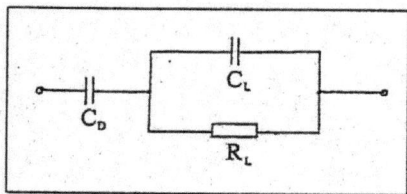

Abb. 6.6-2 Ersatzschaltbild einer Leitfähigkeitsmeßzelle im Wechselstromkreis
CD: Doppelschichkapazität derElektroden RL: Ohmscher Widerstand des Elektrolyten CL: Kapazität des von den Elektroden gebildeten Kondensators

Die Tatsache, daß das Ersatzschaltbild nur zeitlich konstante Schaltelemente enthält, ermöglicht eine rechnerische Behandlung nach den für Wechselstromkreise gültigen Regeln. Da die Kapazität C_L des von den Elektroden gebildeten Kondensators gegenüber der Doppelschichtkapazität C_D sehr klein ist, kann diese bei der Berechnung vernachlässigt werden. Der Stromfluß erfolgt über die Kapazität C_D und den Widerstand R_L Für die Impedanz eines Wechselstromkreises, bei dem der Kondensator und der Widerstand in Reihe liegen, gilt:

$$Z = \sqrt{R_C^2 + R_L^2} \qquad (6.6.6)$$

$$R_C = \frac{1}{2 \cdot \pi \cdot f} \qquad (6.6.7)$$

Um nun bei der Messung den Einfluß der Doppelschichtkapazität möglichst gering zu halten, sollte die Meßfrequenz der Leitfähigkeit der Meßlösung angepaßt werden. Lösungen mit niedriger Leitfähigkeit können auch mit niedriger Frequenz gemessen werden. Dagegen darf bei Lösungen mit hoher Leitfähigkeit die Frequenz nicht zu niedrig sein,

um den Einfluß des kapazitiven Widerstandes möglichst gering zu halten.
An folgendem Beispiel soll der Einfluß der Meßfrequenz auf die Genauigkeit der Leitfähigkeitsmessung gezeigt werden, wobei die Kapazität C_L vernachlässigt werden soll.

Gegeben ist:

R_L = 50 Ohm
C_D = 100 uF
f = 50 Hz

Zunächst wird R_C nach Gleichung 5.5.7 berechnet. Der Betrag des Scheinwiderstandes Z wird dann nach Gleichung 5.5.6 ausgerechnet und ergibt 59 Ohm. Der Elektrolytwiderstand wird bei dieser Frequenz um 9 Ohm zu groß gemessen. Erhöht man die Frequenz auf 5000 Hz, sinkt R_C auf 0,3 Ohm, wird also vernachlässigbar.

6.6.3 Schaltungen für die Konduktometrie

6.6.3.1 Brückenschaltung nach Wheatstone

Abb. 6.6-3 zeigt eine Brückenschaltung zur Messung der elektrischen Leitfähigkeit von Elektrolyten Die Spannung U einer Wechselspannungsquelle liegt an den Punkten A und B der Meßbrücke. Diese besteht aus den vier Widerständen R_X, R_1, R_2 und R_N, wobei R_X der zu messende Widerstand der Leitfähigkeitsmeßzelle und R_N ein regelbarer Widerstand ist. Die sich zwischen den Punkten C und D einstellende Spannungsdifferenz wird dem Wechselspannungsverstärker V und nach Gleichrichtung einem Anzeigeinstrument zugeführt.
Zur Bestimmung des Widerstandes R_X wird der Widerstand R_N so lange verändert, bis das Nullinstrument keinen Strom bzw. ein Stromminimum anzeigt. Für diesen Fall der abgeglichenen Brücke gilt:

$$\frac{R_X}{R_N} = \frac{R_2}{R_1} \quad , \quad R_X = R_N \cdot \frac{R_2}{R_1} \qquad (6.6.8)$$

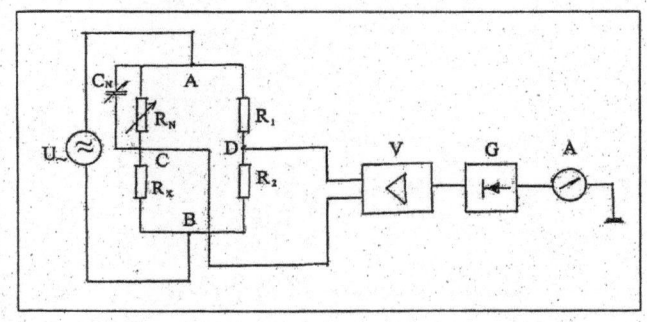

Abb. 6.6-3 Wheatstonesche Brückenschaltung
V: Wechselspannungsverstärker
G: Gleichrichter
A: Meßwertanzeige

Bei hohen Genauigkeitsansprüchen muß noch der kapazitive Widerstand der Meßzelle berücksichtigt werden. Denn die Brückenspannung an der Wechselstrombrücke wird nur dann Null, wenn außer der in Gleichung 6.6.8 gestellten Bedingung auch noch

$$\frac{C_X}{C_N} = \frac{R_N}{R_X} \qquad (6.6.9)$$

erfüllt wird.
Der kapazitive Widerstand in der Brückenschaltung kann durch Parallelschaltung eines regelbaren Kondensators zum Vergleichswiderstand R_N kompensiert werden.
Zum genauen Abgleich der Brücke wird zunächst mit R_N auf Stromminimum eingestellt und danach der Drehkondensator so lange verändert, bis das Instrument keine Spannung mehr anzeigt.

6.6.3.2 Schaltung eines direktanzeigenden Konduktometers

Abb. 6.6-4 zeigt das Schaltbild eines einfachen direktanzeigenden Konduktometers. Die vom Transformator T gelieferte Wechselspannung wird über die Meßzelle dem mit OP1 aufgebauten Strom-Spannungs-Wandler zugeführt und dort in eine dem Strom proportionale Spannung umgesetzt.

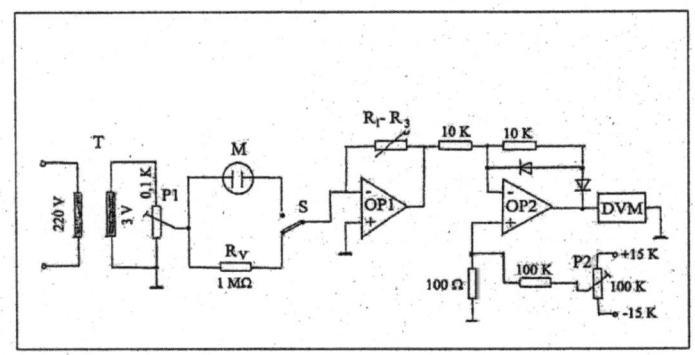

Abb. 6.6-4 Einfachste Schaltung eines direktanzeigenden Konduktometers

M: Meßzelle
Rv: Vergleichswiderstand
P1: Meßspannung
P2: Nullabgleich
OP1: TL 071
OP2: 741
R1: 10 KOhm, R2:, 100 KOhm, R3: 1 MOhm
DVM: Digitalvoltmeter

Zur Einstellung verschiedener Meßbereiche ist der Rückkopplungswiderstand umschaltbar. Die am Ausgang des Strom-Spannungs-Wandlers anliegende Spannung, die ein direktes Maß für den Leitwert ist, wird nach Gleichrichtung dem Digitalvoltmeter zugeführt. Zum Abgleich der Schaltung ist der Vergleichswiderstand R_V, der mit dem Schalter S an Stelle der Meßzelle in den Meßkreis gelegt werden kann, vorgesehen. Abweichungen vom Sollwert lassen sich mit dem Potentiometer P1 korrigieren.

Zum ersten Abgleich der Schaltung sind folgende Schritte erforderlich:

1. Den Eingang des Strom-Spannungs-Wandlers auf Masse legen und mit dem Potentiometer P2 die Ausgangsspannung am Gleichrichter auf 0 Volt einregeln.
2. Den Vergleichswiderstand R_V mit dem Schalter S in den Meßkreis legen und bei einem Rückkopplungswiderstand von 1 MOhm die Ausgangsspannung am Transformator so einstellen, daß das Digitalvolmeter 1 V anzeigt. Diese Einstellung entspricht einer elektrischen Leitfähigkeit von 10^{-6} S bei einer Zellkonstante von 1. Bei einer Meßzelle mit einer von 1 abweichenden Zellkonstante, ist eine Ausgangsspannung von 1/C Volt einzustellen.

6.6.3.3 Aufbau eines direktanzeigenden Konduktometers in Modultechnik

Abb. 6.6-5 zeigt das Schaltbild des für den Versuchsaufbau verwendeten Konduktometers. Der über die Meßzelle fließende Wechselstrom wird einem Strom-Spannungs-Wandler (OP1) zugeführt und dort in eine proportinale Wechselspannung umgesetzt und nach Gleichrichtung (OP2, OP3) einem Meßinstrument zugeführt. Die Meßzelle (Abb. 6.6-6) wird durch den Widerstand RL und die Kapazitäten CL und CD elektrisch nachgebildet.

Zur Untersuchung der Abhängigkeit des Meßwertes von der Frequenz wählt man für CD 50 uF und für CL 100 pF.

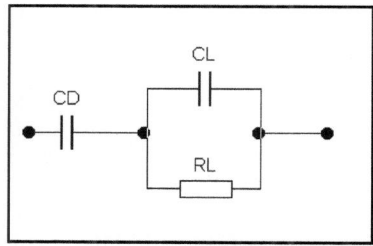

Abb. 6.6-6 Elektrische Nachbildung der Meßzelle
CD: Doppelschichtkapazität

CL: Kapazität des von den Elektoden gebildeten Kondensators
Rx: Ohmscher Widerstand des Elektrolyten

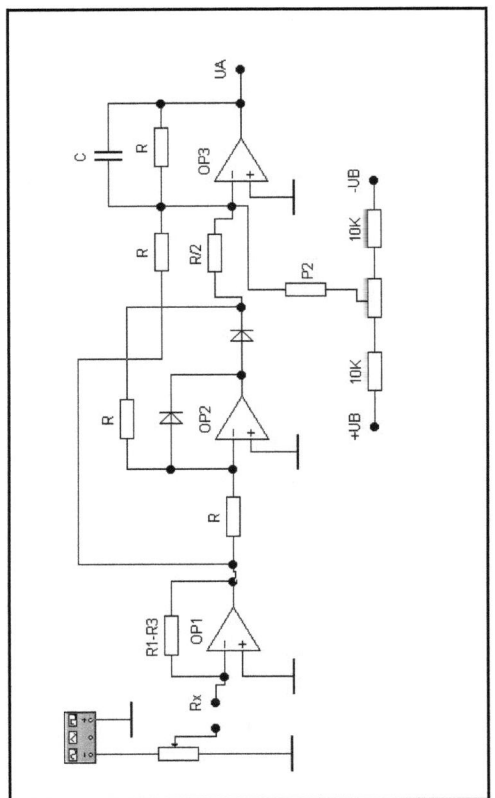

Abb. 6.6-5 Schaltbild des direktanzeigenden Konduktometers
P1: Einstellen der Meßspannung, 1 K
Rx: Anschluß der Meßzelle, P2: Nullpunkt: 1 K
R1: 10 K, R2: 100 K, R3: 1 M

Schaltungsmodule für den Versuchsaufbau

- Wechselspannungsverstärker (Abb. 6.6-7)

- Zweiweggleichrichter (Abb. 6.6-8)
- Elektrische Nachbildung einer Meßzelle (Abb. 6.6-6)

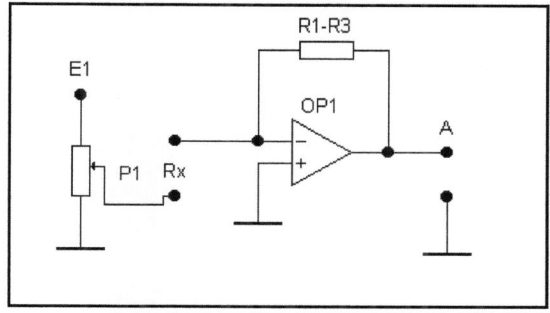

Abb. 6.6-7 Verstärker
E1: Funktionsgenerator
P1: Meßspannung
Rx: Meßzelle
A: zum Gleichrichter (Abb. 6.6-8)
OP1: TL071
R1: 10 K, R2: 100 K, R3: 1M

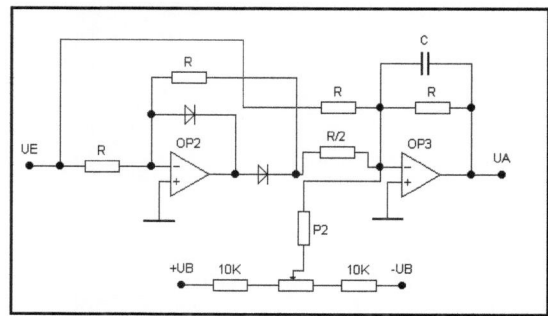

Abb. 6..6-8 Gleichrichter
UE: vom Ausgang A des Verstärkers (Abb. 6.6-7)
UA: zum Digitalvoltmeter
P2: Nullpunkt, 1 K, 10-Gang
Alle Widerstände 10 K, R/2: 5 K
Op2 und OP3: TL071

Untersuchungsergebnisse der Abhängigkeit des gemessenen Leitwerts von der Meßfrequenz mit der Versuchsschaltung

Für einen Elektrolytwiderstand von 0,1 KOhm (= 10 mS) sind die Meßwerte in Tabelle 6.6.1 zusammengestellt. Der Einfluß der Doppelschichtkapazität bei niedrigen Meßfrequenzen auf das Meßergebnis ist deutlich zu erkennen. Erst bei einer Meßfrequenz von > 1 KHz ist der Einfluß der Doppelschichtkapazität vernachlässigbar. Die Kapazität CL der Elektroden ist ohne Einfluß auf das Meßergebnis. Bei der Messung von Elektrolyten mit sehr niedriger Leitfähigkeit ist ein Einfluß der Doppelschichtkapazität auf das Meßergebnis auch bei niedrigen Frequenzen nicht feststellbar. Hingegen wird bei höheren Frequenzen die Kapazität CL wirksam, wie dies Tab. 6.6.2 zeigt.

Tab. 6.6.1

f (KHz)	R (KOhm)	U (V)	S (mS) Ist	Soll
0,05	0,1	8,47	8,47	10,0
0,1	0,1	9,54	9,54	10,0
0,5	0,1	9,98	9,98	10,0
1,0	0,1	9,99	9,99	10,0
5,0	0,1	10,00	10,00	10,0

Tab. 6.6.2

f (KHz)	R (KOhm)	U (V)	S (uS) Ist	Soll
0,05	1000	0,1001	0,999	1,000
0,1	1000	0,1002	0,998	1,000
0,5	1000	0,1049	0,953	1,000
1,0	1000	0,1180	0,847	1,000
5,0	1000	0,3360	0,298	1,000

6.7 Coulometrie
6.7.1 Grundlagen

Coulometrische Analysenverfahren basieren auf den Faradayschen Gesetzen, wonach die elektrolytisch umgesetzte Stoffmenge proportional zu der dafür erforderlichen Ladungsmenge ist.

$$m = \frac{M \cdot Q}{z \cdot F} \qquad (6.7.1)$$

Hierin bedeuten:

- m: Masse des umgesetzten Stoffes
- M: molare Masse (g/mol)
- Q: gemessene Ladungsmenge (As)
- z: Zahl der ausgetauschten Elektronen
- F: Faraday-Konstante (96485 As/Val)

Die Ladung wird aus dem durch die Meßzelle geflossenen Strom und der Zeit berechnet. Dabei wird vorausgesetzt, daß der elektrochemische Prozeß mit 100%iger Stromausbeute verläuft und keine Nebenreaktionen ablaufen. Man unterscheidet zwischen Coulometrie bei konstantem Potential (potentiostatisch) und bei konstanter Stromstärke (galvano-statisch).

Coulometrie bei konstanter Spannung (potentiostatische Coulometrie)

Bei der potentiostatischen Coulometrie wird das Potential der Arbeitselektrode so gewählt, daß es im Bereich des Diffusionsgrenzstromes des Analyten liegt. Da der Transport der betreffenden Ionen in Gegenwart eines Leitsalzes nur durch Diffusion erfolgt, ist der Diffusionsgrenzstrom proportional der Diffusionsgeschwindigkeit.
Für die Diffusionsgeschwindigkeit gilt nach dem 1. Fickschen Gesetz:

$$-\frac{dc}{dt} = D \cdot q \cdot n \frac{c_i(t) - c_E}{\partial} \qquad (6.7.2)$$

Hierin bedeuten:

    D   : Diffusionskoeffizient
    Q   : Elektrodenoberfläche
    ∂ : Diffusionsschichtdicke
    z   : Ladungszahl
    c_E : Konzentration des Analyten an der Elektrodenoberfläche
    $c_i(t)$: Konzentration des Analyten im Lösungsinnern
           (zeitabhängig)

Die Zeitabhängigkeit von $c_i(t)$ resultiert aus dem elektrolytischen Umsatz des Analyten an der großflächigen Arbeitselektrode c_E geht hierbei gegen Null. Da im Diffusionsgrenzstrombereich $c_E = 0$ ist, gilt, wenn man alle Konstanten zusammenfaßt:

$$\frac{dc}{dt} = -k \cdot c_i(t) \qquad (6.7.3)$$

Die Integration der Gl. 5.6.3 vom Zeitpunkt t = 0 bis zur Zeit t, ergibt dann folgenden Zusammenhang zwischen der Anfangskonzentration c_0 und der Konzentration c_i zum Zeitpunkt t

$$c_i(t) = c_0 \cdot e^{-k \cdot t} \qquad (6.7.4)$$

Analog gilt für den Zusammenhang von Anfangsstrom I_0 und dem Strom I_t zum Zeitpunkt t:

$$I_t = I_0 \cdot e^{-k \cdot t} \qquad (6.7.5)$$

Die Gleichung zeigt, daß während der Elektrolyse der Strom exponentiell abnimmt (Abb.6.7-1). Der Strom I zu Beginn der Elektrolyse und die Konstante k hängen von den Diffusionsbedingungen und den Dimensionen der Meßzelle ab

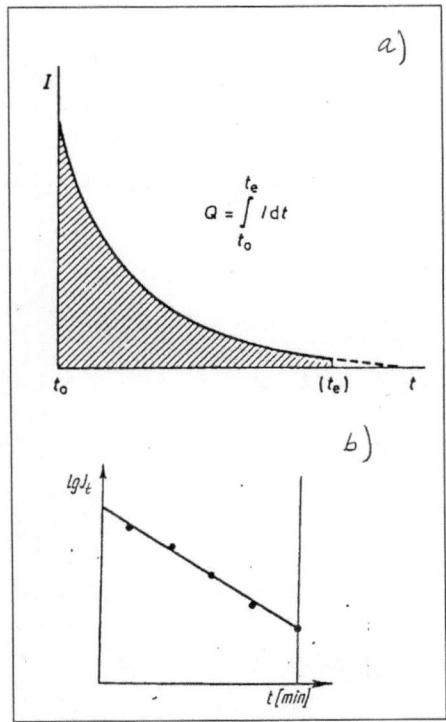

Abb. 6.7-1 Stromstärke in Abhängigkeit von der Zeit
a : *lineare Auftragung* ; b : *logarithmische Auftragung*

Graphische Auswertung der Messung

Durch Logarithmieren von Gl. 6.7.5 erhält man:

$$\log I_t = \log I_0 - \frac{k}{2{,}303} \cdot t \qquad (6.7.6)$$

Trägt man log I_t gegen t auf, so erhält man eine Gerade mit dem

Ordinatenabschnitt log I₀ und der Steigung

$$-\frac{k}{2{,}303}.$$

Die Integration von Gl. 5.6.5 ergibt die verbrauchte Ladungsmenge:

$$Q = \int_0^t I_0 \cdot e^{-k \cdot t} \cdot dt \qquad (6.7.7)$$

Die erforderlichen Parameter I_0 und k lassen sich aus der oben angegebenen linearen Darstellung entnehmen. Die Methode hat den Vorteil, daß man den Kurvenverlauf aus wenigen Meßpunkten erhält.
Zur Berechnung der Ladungsmenge ist es deshalb nicht erforderlich, das Ende der Umsetzung abzuwarten, was zu einer erheblichen Zeitersparnis führt.

6.7.2 Schaltungen für die Coulometrie
6.7.2.1 Elektronische Messung der Ladungsmenge

Abb. 6.7-2 zeigt das Prinzipschaltbild einer Meßanordnung für die potentiostatische Coulometrie mit elektronischer Ladungsmessung. Mit dem Potentiostaten (OP1 und OP2) wird das Potential der Arbeitselektrode AE unabhängig vom Stromfluß durch die Meßzelle auf dem mit dem Potentiometer P vorgewählten Potential gehalten. Der über die Meßzelle fließende Strom wird einem Strom-Spannungs-Wandler (OP3) zugeführt, der den Strom in eine proportionale Spannung umsetzt. Der Ausgang des Strom-Spannungs-Wandlers ist mit einem Integrator (OP4) verbunden, dessen Ausgangsspannung U dem zeitlich Integral der Eingangsspannung U_E proportional ist.

$$-U_A = \frac{1}{R \cdot C} \cdot \int_0^t U_E \cdot dt \qquad (6.7.8)$$

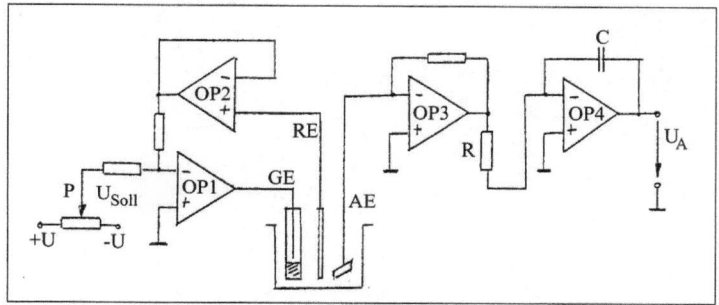

Abb. 6.7-2 Prinzipschaltbild einer Meßanordnung für die potentiostatische Coulometrie
GE : Gegenelektrode
AE : Arbeitselektrode
RE : Referenzelektrode

6.7.2.2 Coulometrie bei konstantem Strom

Bei der galvanostatischen Methode wird die Stromstärke konstant gehalten und die Zeit bis zum vollständigen elektrolytischen Umsatz gemessen. Der Vorteil gegenüber der potentiostatischen Methode besteht in einer kürzeren Elektrolysedauer und der sehr einfachen Ladungsbestimmung durch eine Strom- und Zeitmessung. Nachteilig ist, daß der Endpunkt gesondert bestimmt werden muß und daß gegen Ende der gewünschten Reaktion die vorgegebene Stromstärke nur durch Zunahme des Elektrodenpotentials aufrechterhalten werden kann. Durch die Erhöhung des Elektrodenpotentials können andere elektrolytische Prozesse ablaufen, die die Stromausbeute vermindern.

Wegen dieser Nachteile wird die galvanostatische Methode deshalb am häufigsten nur dazu eingesetzt, um elektrolytisch ein Titrationsmittel zu erzeugen, das sich mit dem zu bestimmenden Stoff umsetzt. Aus diesem Grund nennt man das Verfahren auch coulometrischeTitration. Die Indikation des Endpunktes kann dabei potentiometrisch, amperometrisch oder voltametrisch erfolgen.

Abb. 6.7-3 zeigt das Prinzipschaltbild einer Meßanordnung mit amperometrischer Indikation des Äquivalenzpunktes. Die Meßanordnung Anordnung besteht aus einem Generatorstromkreis mit einer Arbeitselektrode und einer Gegenelektrode, die durch ein Diaphragma vom Elektroseraum getrennt ist sowie einem Indikatorstromkreis, der bei biamperometrischer Indikation aus zwei Platinelektroden besteht.

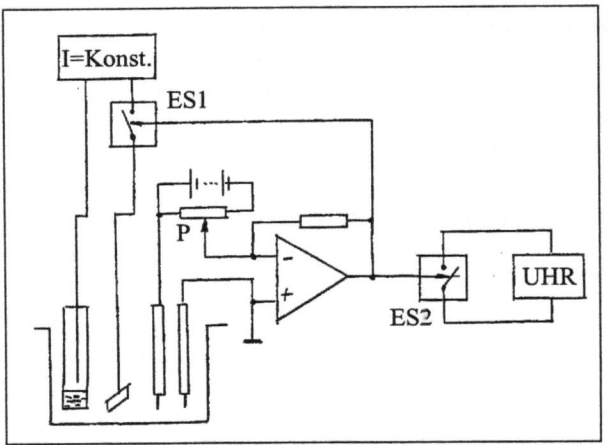

Abb. 6.7-3 Prinzipschaltbild einer Meßanordnung zur coulometrischen Titration

Über den Stromkonstanter wird der erforderliche konstante Strom eingestellt. An die beiden Indikatorelektroden wird über das Potentiometer P die Polarisationsspannung angelegt. Der über den Indikatorstromkreis fließende Strom wird einem Strom-Spannungs-Wandler zugeführt, dessen Ausgangsspannung einen elektronischen Schalter ES1 im Generatorstromkreis und gleichzeitig einen elektronischen Schalter ES2, der zu einer Uhr führt, steuert. Der Elektrolysestromkreis wird geöffnet und die Uhr gestoppt, wenn der Potentialwert des Äquivalenzpunktes erreicht ist.

6.7.2.3 Einfachste Meßanordnung für die coulometrische Titration

Abb. 6.7-4 zeigt eine Meßanordnung für die coulometrische Titration mit biamperometrischer Indikation des Äquivalenzpunktes.

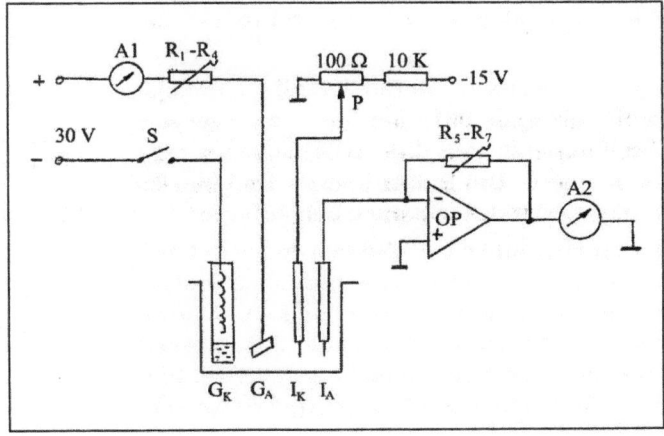

Abb. 6.7-4 Einfachste Meßanordnung für die coulometrische Titration
mit biamperometrischer Indikation
R_1 : 30 K-Ohm; R_2 : 15 K-Ohm; R_3 : 10 K-Ohm; R_4 : 5 K-Ohm
A1 : mA-Meter; A2 : Spannungsmesser; R_5 : 1 M-Ohm;
R_6 : 100 K-Ohm; R_7 : 10 K-Ohm; S: Schalter; P : 10-Gang-
Potentiometer; OP : TL 071; G_K, G_A: Generatorelektroden
I_K: I_A : Indikatorelektroden

Eine Platinanode (Pt-Blech) mit der dazugehörigen Gegenkathode (Pt-Spirale) bilden mit einem in Reihe geschalteten Widerstand und einem mA-Meter (A1) den Generatorstromkreis.

Mit den Widerständen R_1–R_4 kann der Generatorstrom eingestellt (1...6 mA) und am Instrument A1 abgelesen werden. Durch den Vorwiderstand wird der Gesamtwiderstand des Kreises so hoch gehalten, daß der sich im Laufe der Elektrolyse verändernde Zellwiderstand vernachlässigt werden kann. Die Gegenelektrode ist durch eine Glasfritte vom Anodenraum getrennt, damit die sich hier bildenden Elektrolyseprodukte die Reaktionen im Anodenraum nicht beeinflussen. Der Indikatorstromkreis besteht aus zwei Platinstiftelektroden, an die über das Potentiometer P die erforderliche Spannung angelegt werden kann. Der über die Elektroden fließende Strom wird mit dem Strom-Spannungs-Wandler in eine proportionale Spannung umgewandelt und mit dem Instrument A2 angezeigt. Nachdem man die erforderliche Spannung an die Elektroden angelegt hat, wird der Schalter S geschlossen und gleichzeitig eine Stoppuhr in Gang gesetzt. Der Äquivalenzpunkt ist durch ein plötzliches Ansteigen oder Abfallen der am Instrument A2 gemessenen Spannung gekennzeichnet. Die Zeitdauer zwischen Beginn der Elektrolyse und der Spannungsänderung wird gemessen. Eine andere Möglichkeit der Auswertung besteht darin, daß man an den Ausgang des Strom-Spannungs-Wandlers einen x/t-Schreiber anschließt und durch die vom Schreiber aufgezeichneten geraden Kurvenäste die Bestgeraden legt und vom Schnittpunkt der Geraden das Lot auf die Zeitachse fällt.

6.7.2.4 Aufbau einer Meßanordnung für die coulometrische Titration in Modultechnik

Schaltungsmodule für den Versuchsaufbau

- Generatorstromkreis (Abb. 6.7-5)
- Indikatorstromkreis (Abb. 6.7-6)

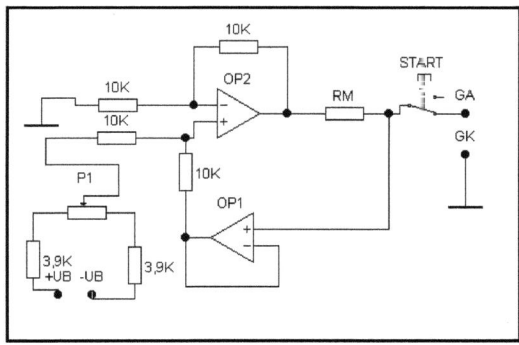

Abb. 6.7-5 Generatorstromkreis
P1: Einstellung des Generatorstroms, 1K, 10-Gang
GA, GK: Generatorelektroden
RM: 1K, OP1 und OP2: TL071

Abb. 6.7-5 zeigt die Schaltung der Konstantstromquelle, mit der der Elektrolysestrom erzeugt wird. Die Höhe des Elektrolysestromes läßt sich mit dem Potentiometer P1 einstellen. Abb. 6.7-6 zeigt den Indikatorstromkreis. Die grundsätzliche Funktionsweise einer Konstantstromquelle ist in Abschnitt 4.6 beschrieben. Der Analysenvorgang wird gestartet, indem über den Schalter START der Elektrolsysestrom an die Generatorelektroden angelegt und gleichzeitig der Schreiber eingeschaltet wird Die Auswertung der Analyse erfolgt wie in Abschn. 6.7.2.3 beschrieben.

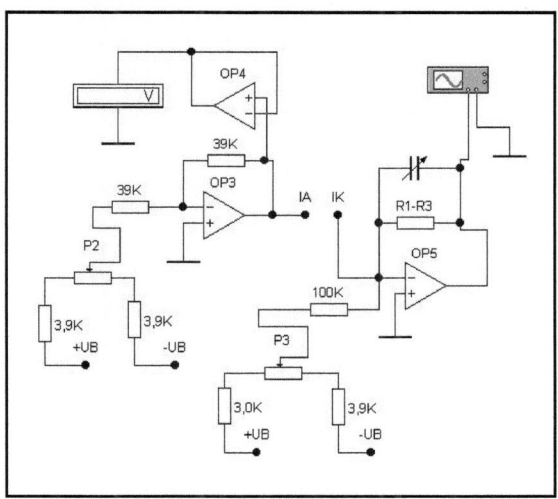

Abb. 6.7-6 Indikatorstromkreis
P2: Polarisationsspannung, 1K, 10-Gang
P3: Nullpunkt, 1K, 10-Gang
IK, und IA: Indikatorelektroden

6.7.3 Anwendungsbeispiele der coulometrischen Titration

Säure-Base-Titrationen

Als Beispiel für eine coulumetrische Säure-Base-Titration soll die Bestimmung von Kohlenstoff gezeigt werden.
Zur Bestimmung des Kohlenstoffs wird die Probe im Sauerstoffstrom verbrannt und das gebildete Kohlendioxid in eine alkalische Barium-perchlorat-Lösung eingeleitet:

$$CO_2 + H_2O \rightarrow H_2CO_3$$

$$H_2CO_3 + Ba(ClO_4)_2 \rightarrow BaCO_3 \downarrow + 2HClO_4$$

Dadurch, daß durch diese Reaktion aus der gebildeten freien Perchlorsäure H_3O^+-Ionen entstehen, sinkt der pH-Wert der Lösung. Zur Aufrechterhaltung des ursprünglichen pH-Wertes werden nun an der Katode durch Elektrolyse Hydroxylionen gebildet:

$$Na^+ + e^- \rightarrow Na^0$$

$$Na^0 + H_2O \rightarrow Na^+ + OH^- + \frac{1}{2}H_2$$

$$H_3O^+ + OH^- \rightarrow 2H_2O$$

Die Indikation der Reaktion erfolgt potentiometrisch mit einer pH-Elektrode.

Fällungs-Titrationen

Hier ist die Bestimmung des Chlorgehaltes von Halogenverbindungen für die analytische Praxis von besonderer Bedeutung.
Die Proben werden ebenfalls im Sauerstoffstrom verbrannt und die gebildete Salzsäure in einen essigsauren Elektrolyten, der noch Ag-Ionen enthält, eingeleitet:

$$Ag^+ + Cl^- \rightarrow AgCl \downarrow$$

Durch diese Reaktion sinkt die Ag^+-Aktivität des Elektrolyten, die mit einer Ag-Elektrode potentiometrisch gemessen wird. Zur Aufrechterhaltung der ursprünglichen Ag^+-Aktivität werden nun Ag^+-Ionen fortlaufend durch Elektrolyse an einer Ag-Elektrode gebildet:

$$Ag^0 \rightarrow Ag^+ + e^-$$

7. Das Modulsystem

Um die Versuchsschaltungen schnell und fehlerfrei aufbauen zu können, wurde ein Modulsystem entwickelt.

Die Schaltungsmodule sind als gedruckte Schaltungen aufgeführt und befinden sich jeweils auf einer glasfaserverstärkten Epoxidharzplatte. Die Anschlüsse der Module sind auf 1 mm Lötstifte geführt. Für die Spannungsversorgung stehen jeweils 3 Anschlußstifte (Abb. 7-2) zur Verfügung. Dadurch ergibt sich eine wesentlich einfachere Leitungsführung bei der Verbindung der einzelnen Module.

Die Verbindung der Module erfolgt dann mit flexiblen Kabeln unterschiedlicher Länge, die an ihrem Ende mit entsprechenden Federsteckern versehen sind.

Die Steckverbindungen geben einen einwandfreien Kontakt und haben den Vorteil, daß sie im Vergleich zu Buchsen wesentlich weniger Platz auf den Platinen benötigen.

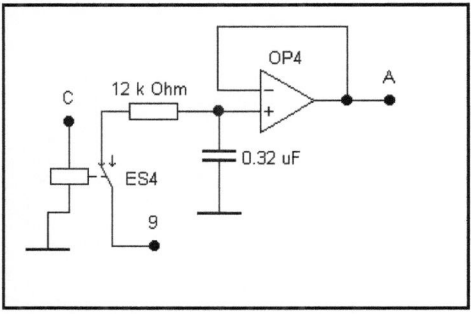

Abb. 7-1 Meßwertspeicher
    C: von der Steuerlogik (Abb. 5.2-34)
    9 vom Strom-Spannungs-Wandler (Abb. 6.2-32)
    A: zur Grundstromkompensation (Abb .6.2-36
    ES4:Reed-Relais, OP4: TL071
        (Offsetabgleich nicht eingezeichnet)

Zu jedem Modul gibt es eine Aufnahme, die die Stiftbelegung der Anschlüsse zeigt (Abb. 7-2). In Verbindung mit dem gleichfalls angegebenen Schaltbild (Abb. 7-1) und den dort angegebenen Verbindungen der einzelnen Module können die Versuchsschaltungen ohne Schwierig-keiten schnell und fehlerfrei aufgebaut werden. Die Module enthalten Funktionseinheiten wie z.B. Verstärker, Integrierer, Speicher u.a., die immer wieder für die unterschiedlichsten Meßanordnungen benötigt werden.

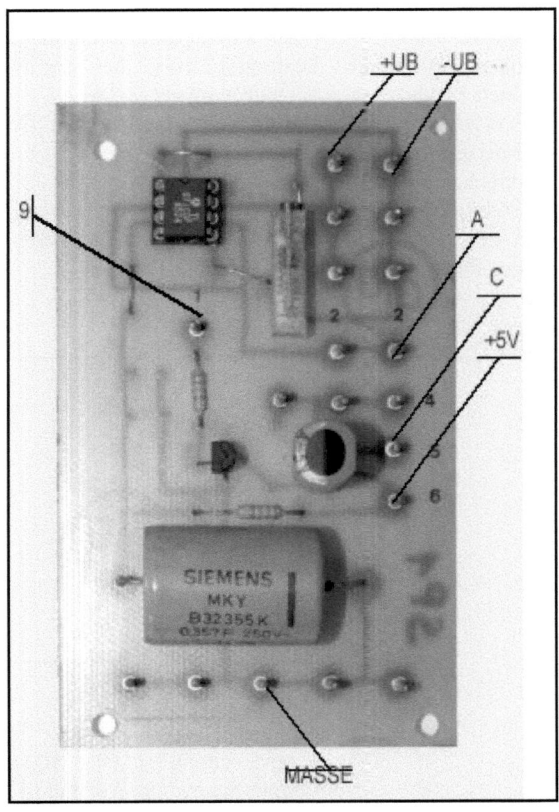

Abb. 7-2 Schaltungsmodul des Meßwertspeichers

Für den Aufbau von einfachen Schaltungen sind zusätzlich einzelne

Bauelemente als Module ausgeführt.

Die Anordnung der Anschlußbelegungen für die Spannungsversorgung und Masse ist bei allen Modulen gleich.

Zur Fixierung der Module sind auf dem Experimentiergerät zwei Leisten mit jeweils einer Nut montiert, in die die Module eingeschoben werden können. Abb. 7-3 zeigt das Experimentiergerät.

Beim Aufbau einer Versuchsschaltung ist es zweckmäßig, zunächst mit der Spannungsversorgung der Module zu beginnen und dann alle weiteren Verbindungen herzustellen.

Da alle Module selbständige Funktionseinheiten sind, besteht auch die Möglichkeit, die Funktion jedes Moduls vor der endgültigen Verschaltung zu überprüfen.

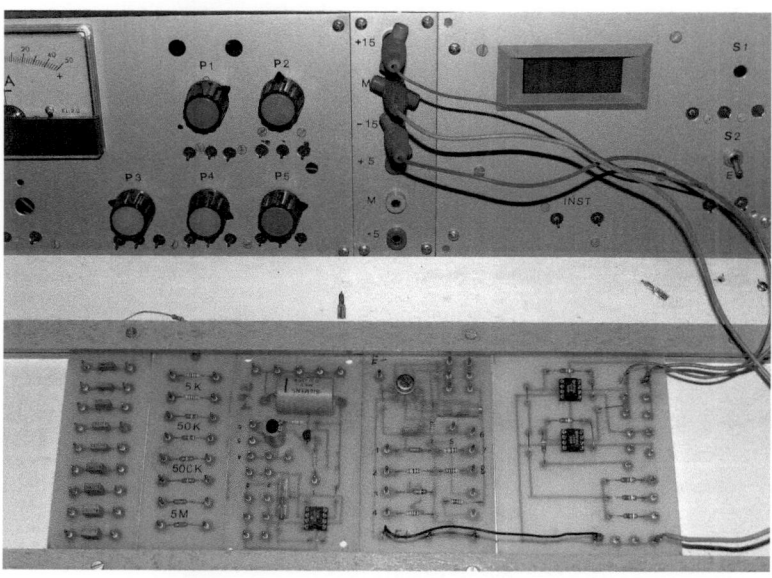

Abb. 7-3 Experimentiergerät mit eingesetzten Schaltungsmodulen

8. Weiterführende Literatur

Henze, G., Neeb, R., Elektrochemische Analytik,
Berlin/Heidelberg: Springer-Verlag, 1986

Buchberger, W., Elektrochemische Analyseverfahren,
Berlin/Heidelberg: Spektrum Akademischer Verlag, 1998

Skoog, D. A., Leary, J. J., Instrumentelle Analytik,
Berlin/Heidelberg: Springer-Verlag, 1996

Näser, K.-H., Peschel, G., Physikalisch-chemische Meßmethoden,
Leipzig: VEB Deutscher Verlag für Grundstoffindustrie, 1990

Doerffel, K., Geyer, R., Müller, H., Analytikum
Leipzig/Stuttgart: Deutscher Verlag für Grundstoffindustrie, 1994

Försterling, H.-D., Kuhn, H., Praxis der Physikalischen Chemie,
Weinheim: VCH Verlagsgesellschaft, 1991

Oehme, F., Ionenselektive Elektroden,
Heidelberg: Hüthig-Verlag, 1990

Honold, F., Honold, B., Ionenselektive Elektroden,
Basel /Boston/Berlin: Birkhäuser Verlag 1991

Geißler, M., Polarographische Analyse,
Weinheim: Verlag Chemie, 1981

Wang, J., Stripping Analysis,
Weinheim: VCH Verlagsgesellschaft, 1985

Haase, H.-J., Elektrochemische Stripping-Analyse,
Weinheim: VCH Verlagsgesellschaft, 1996

Dostal, J., Operationsverstärker,
Heidelberg: Hüthig-Verlag, 1989

Niebuhr, J., Lindner, G., Physikalische Meßtechnik mit Sensosren, München/Wien: Oldenbourg Verlag, 1996

9. Sachverzeichnis

Ableitungskurven, 165
Abscheidespannung, 161
Addierer, 3
Amperometrie, 4, 147
amperometrische Indikation, 4, 153, 155
amperometrische Messungen, 148
Amplitude, 106
Analysenfunktion, 3
Anreicherungspotential, 105
Anreicherungsdauer, 105, 175
Anreicherungselektrolyse, 105, 163
Arbeitselektrode, 5, 95, 148
Argentometrische Titration, 4
Asymmetriepotential, 82
Ausgangsfehlspannung, 15

Beruhigungsphase, 162
biamperometrische Indikation, 154
Brückenschaltung nach Wheatstone, 184
Bestimmungsgrenze, 105
Bezugselektrode, 72
Bezugspotential, 19

Coulometrie, potentiostatisch, 191
Coulometrie, galvanostatisch, 191
coulometrische Titration, 196, 198
cyclische Voltammetrie, 107, 118
Cyclovoltammogrammn, 108

DC-Voltammetrie, 97
dead-stop-Titration, 154
Depolarisationskonzentration, 106
Differentielle Pulsvoltammetrie, 103, 134
Differenzeingangsspannung, 8
Differenzverstärker, 8, 20
Diffusionsgrenzstrom, 147
Diffusionsstrom, 102

Differenzierer, 33, 166, 170
Differenzeingangsstufe, 10
Differenzverstärker, 8, 20
Doppelschicht, 96
Doppelschichtkapazität, 5, 102
Drei-Elektrodenanordnung, 107
Durchtrittsreaktion, 96
Durchtrittswiderstand, 97

Eingangsfehlspannung, 9
Eingangsoffsetspannung, 9, 18
Eingangsoffsetstrom, 10
Eingangsruhestrom, 10, 18
Eichpuffer, 85
Einweggleichrichter, 46
Entladungsdauer, 173
Elektroden
    unpolarisierbar, 4, 95
    polarisierbar, 4, 95
Elektrodenfunktion, 82
Elektrodenpotential, 72, 96
Elektrodenprozeß, 102
Elektrodenreaktion, 174
Elektrometerschaltung, 76, 79
Elektrolysedauer, 140
Ersatzschaltbild, 183
Excel-Programm, 90

Faradaykonstante, 81
Faradayscher Strom, 102
Frequenzgang, 41
Funktionsgenerator, 189

Gegenelektrode, 126
Gegenkopplung, 11
Generatorstromkreis, 198
Glaselektrode, 76
Gleichtaktspannungsverstärkung, 11
Gleichrichterschaltungen, 45
Grundstrom, 5

Grundelektrolyt, 175
Grundstromkompensation, 11, 117, 131

Haltedrift, 49
Hg-Filmelektrode, 104
Hg-Tropfenelektrode, 133

I-Regler, 59
Impulsdiagramm, 136
Impuls-Zeit-Diagramm, 130
Impedanzwandler, 27, 86
Indikatorelektrode, 1
Indikatorstromkreis, 199
Integrator, 30, 111
Instrumentenverstärker, 37
Inverter, 130
Inversvoltammetrie, 6, 104
Ionensensitive Elektroden, 89

Kapazitätsstrom, 108
Kalibrierung, 85
Kalibrierfunktion, 73
Kalibrierkurve, 85, 164
Kennlinie, 68, 82
Komparator, 27
Kompensationsschaltung, 77, 129
Konduktometer, 187
Konduktometrie, 3, 181
konduktometrische Titation, 3
Konstantspannungsquelle, 44, 85
Konstantstromquelle, 43

Ladung, 191
Ladestrom, 107
Ladungsmenge, 96
Ladungsdurchtritt, 105
Ladungstransport, 106
Ladungsträgeraustausch, 96
Leitfähigkeit, 181
Leitfähigkeit, spezifische, 181

Leitfähigkeitsmeßzelle, 183
Leitwert, 190

Maßanalyse, 4
Massentransportrate, 104
Membranwiderstand, 74, 75
Meßbrücke, 184
Meßintervall, 103
Meßfrequenz, 183
Meßkettennullpunkt, 82
Meßkettensteilheit, 89
Meßkettenspannung, 74, 76
Meßwerterfassung, 173
Meßwertspeicher, 124, 128
Meßzellenspannung, 74
Modultechnik, 113, 201

NAND-Glied, 135
Nernstfaktor, 73
Nernstgleichung, 3, 81
nichtinvertierender Verstärker, 22
Nullpunktfehler, 9, 18
Nullpunktkompensation, 85
Nutzsignal, 5

Offsetabgleich, 26, 128
Offsetspannung, 13, 16
Offsetspannungsabgleich, 15
Ohmmeter, 41

pA-Meter, 35
P-Regler, 58
Phase, 1
Phasendrehung, 8
pH-Messkette, 81
pH-Meter, 83
PI-Regler, 62
Poggendorf, 78
Polarisationswiderstand, 74, 75
Potentiometrie, 3, 72

Potentiometrische Stripping-Analyse, 6, 160
potentiometrische Messung, 80
Potentiostat, 49, 111
Pulsamplitude, 103
Pulsdauer, 125
Pulsfolge, 125
Pulsfolgezeit, 102
Pulsfrequenz, 128
Pulshöhe, 136

Quecksilberfilmelektrode,
Quecksilbertropfenelektrode,

Rampengenerator, 96
Reaktionsgeschwindigkeit, 143
Rechteckgenerator, 50
Rechteckspannung, 142
Rechteck-Dreieck-Generator, 53
Rechteckimpuls, 102
Redoxtitration, 4
Redoxpotential, 104
Referenzelektrode, 7
Regeleinrichtungen, 68
Reglerschaltung, 58
Reoxidation, 162
Rückkopplungswiderstand, 19
Ruhephase, 105

Sägezahngenerator, 54
Schalthysterese, 28
Schmitt-Trigger, 28
Selektiv-Verstärker, 40
Signalquelle, 16
Simultanbestimmung, 167
Spannungsrampe, 28, 113, 138
Speicherschaltung, 143

Sprungantwort
    P-Regler, 58
    I-Regler, 60
    D-Regler, 61
    PI-Regler, 63
Square-Wave-Voltammetrie, 103, 141
Standardpotential, 3
Standardaddition, 177
Steilheitskorrektur, 83, 85
Steuerlogik, 129, 130, 137, 142
Strippingdauer, 174
Stromdifferenz, 136
Stromspannungskurve, 5, 95
Strom-Spannungs-Wandler, 17
Summierer, 19

Taktimpuls, 136, 144
Tiefpaß, 119
Titrand, 154
Titrator, 154
Titrationsarten, 4
Titatrionskurve, 159, 160
Transportrate, 104
Transistorschaltstufe, 179
Transitionsdauer, 162
Treppenspannungs-Generator, 56, 122, 124
Treppenstufenspannung, 100

Übergangsfunktion, 61, 63, 66
Übertragungskennlinie, 24
Untergrundkurve, 175
Untergrundsignal, 175

Verstärker, invertierend, 11
Versuchsaufbau, 119
Versuchsschaltung, 115
Verzögerungsdauer, 138
Vollweggleichrichter, 47
Voltammetrie, 5, 95

voltametrische Titration, 5, 157, 159
Voltammogramm, 140, 145
voltametrische Zelle, 5,

Wechselspannungs-Verstärker, 38, 185
Wechselstromkomponente, 106
Wechselstrompeak, 106
Wechselstromkreis, 182, 183
Wheatstonesche Brückenschaltung, 185
Widerstand, kapazitiv, 184

Zeitglieder, 129
Zeitfunktion, 6
Zeitkonstante,
Zellkonstante, 182
Zellspanung, 79
Zweipunkt-Kalibrierung, 89, 91